职场新人工作"通关"So Easy

刘畅 编著

人 民 邮 电 出 版 社

北 京

图书在版编目（ＣＩＰ）数据

职场新人，工作"通关"So Easy / 刘畅编著. -- 北京 ： 人民邮电出版社，2012.5
ISBN 978-7-115-27374-1

Ⅰ．①职… Ⅱ．①刘… Ⅲ．①成功心理－通俗读物 Ⅳ．①B848.4-49

中国版本图书馆CIP数据核字(2012)第005727号

内 容 提 要

职场新人初入公司或多或少都会遇到一些烦恼，而且可能找不到合适的倾诉对象，也可能不好意思开口询问。这时，可以选择看看本书。本书是为职场新人量身打造的"套餐"，或许你的问题在这里能够找到答案。

本书内容包括如何建立专业的职业形象、怎样打造职场人脉、如何掌握快速学习的技巧、职场必用办工工具的操作方法、怎样有记录地让工作日清日结、怎样与领导和同事顺利沟通、如何控制情绪、减轻压力、怎样合理使用薪水积累财富等。

看看本书，可以令你迅速适应职场，以积极的态度、踏实执着的精神投入工作。最好的心态能带来最好的状态，希望你能快速获得升迁的机会，得到最棒的职位。

职场新人，工作"通关"So Easy

- ◆ 编　著　刘　畅
　　责任编辑　王建军
　　执行编辑　赵　娟

- ◆ 人民邮电出版社出版发行　　北京市崇文区夕照寺街 14 号
　邮编　100061　　电子邮件　315@ptpress.com.cn
　网址　http://www.ptpress.com.cn
　北京鑫丰华彩印有限公司印刷

- ◆ 开本：880×1230　1/32
　印张：6.5　　　　　　　　　2012 年 5 月第 1 版
　字数：166 千字　　　　　　2012 年 5 月北京第 1 次印刷

ISBN 978-7-115-27374-1
定价：26.00 元
读者服务热线：**(010)67119329**　印装质量热线：**(010)67129223**
反盗版热线：**(010)67171154**
广告经营许可证：京崇工商广字第 0021 号

前 言
FOREWORD

编写这本书的目的

　　大多数刚从学校毕业的职场新人，无法将从课堂中学到的所谓的专业知识应用在实际办公中，初入公司时的盲目无措成为众多职场新人的苦恼。

　　为了解决这种苦恼，我们经过大量的实践和调查，精心编著了这本《职场新人，工作"通关"So Easy》。本书为拜师无门又想顺利立足于职场的新进职员量身定做，从就职窍门到工作技巧，循序渐进地依次讲解，真心希望能助你一臂之力。

你能从中学到什么？

　　本书以职场新人进入职场后会遇到的各种问题为立足点，结合用人单位的各项需求，详细讲述了工作过程中会遇到的方方面面的问题，你可以从中学到以下知识。

　　识别工作陷阱：在每章开头的"隐藏陷阱"版块里，我们都会列举一些工作陷阱，如混乱的职业形象、为人处事不知分寸、错误的工作学习习惯、职场压力大得要崩溃等。目的是为了让读者"窥一斑而知全豹"。

　　怎样避开求职陷阱：在结合案例介绍"陷阱"的同时，我们还介绍了怎样避开陷阱的方法。这些方法主要在"通关宝典"里详细介绍。例如，怎样建立良好的职业形象？怎样打造人脉？怎样和上司、同事相处？工作中遇到了困难和苦恼又该怎么办？

　　掌握实用工具：书中还设置了"自我测试"和"职场工具箱"两个版块。"自我测试"可以让读者能深入剖析自己，真实了解自己。而"职场工具箱"则提供了一些工作中常用工具的使用方法，

I

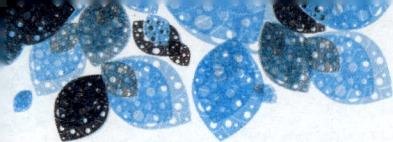

以及一些能帮助自己高效工作的模板，如怎样收发传真、怎样撰写公文等。

本书有什么特色？

例证合一，实用性高

本书所举的案例都是职场新人常常会遇到的问题，通过例证合一的方法讲述，既能让读者"知其然"，还能"知其所以然"。

"授之以鱼，不如授之以渔。"本着实用性的著书观念，本书在讲解案例的同时，更注重传授方法，因为我们相信只有掌握了方法才能解决实际问题。

语言简练，轻松活泼

我们不是在"说教"，而是在"传道"。因此，本书的语言不同于其他的书，古板严肃，而是采用一种比较轻松的基调，旨在让读者更好地理解，欣然地接受。

图文并茂，趣味盎然

本书在文字叙述的同时，还配备了大量的插图，让整个页面充满美感，避免了纯文字阅读的枯燥。此外，还有许多职场实战故事穿插其中，既实用又具有很强的趣味性。

这本书适合你吗？

本书适用于刚步入职场的新人（包括大学生、技校生等众多就业人群），同时，对即将步入职场的新人也有一定的指导和启发作用。

我们的创作团队有哪些？

本书由刘畅编写，其他参与资料整理和编写工作的还有巫雪琴、周娟、罗丹、杨群、林菊芳等人，在此表示衷心感谢！

由于编者经验有限，书中难免有疏漏与不足之处，恳请专家和读者不吝赐教，闻过亦喜。

编者

2012年1月

目录

CONTENTS

I

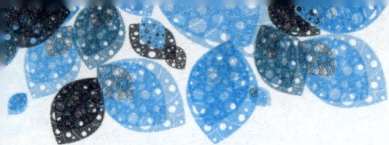

第5章　领导沟通有方法 ………………………… **105**

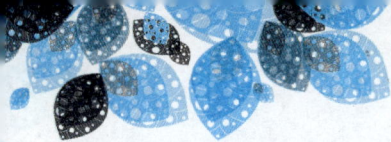

第1章

建立专业的职业形象

　　有的人认为只要把自己打扮得漂亮或英俊，就足以去面对职场中形形色色的人了，例如客户、同事、上司。

　　这种观念相当的不合时宜。身为职场新人，如果抱着这种想法贸贸然踏入办公场合，那么恭喜——你死定了！

　　想要顺利地进入职场、融入团队，首先需要建立适合自己所处职场环境的职业形象，成功的职业形象是获得职位和高职位的关键，在同等能力的情况下，甚至可以获得更多的薪水。

　　怎样才能建立起专业的职业形象呢？请往下看吧！

隐藏陷阱：Lady Gaga 进职场，雷死同事不要命
Hidden Trap

　　好的职业形象可以帮助职场新人顺利入职、晋职；糟糕的职业形象不但不能体现自己的专业程度和给客户带来信任感，反而还可能使自己受同事排挤，上司厌恶，做事事倍功半，最终导致被炒鱿鱼。

　　若想塑造出适合自己的职业形象，通常需要经过一段时间的调整。那么，在寻找自己的职业形象定位时，有哪些陷阱是需要我们注意的呢？

LEARN MORE

■暴露服装吸眼球，过于随便被踢走

　　"衣食住行"是人们每天必须面对的四件事，与职场最相关的自然就是"衣"。踏入职场的第一步，不同的衣着打扮会给人留下不一样的第一印象，这甚至关系到了工作的成败。

案例讲述

　　夏日炎炎，酷暑难耐，不少都市女性的衣服开始向薄、透、露三方发展。走在大街上，满目都是时尚而养眼的性感美女。刚踏出校门的小艳，为追求清凉解暑，常常也是吊带衫、露脐装加超短热裤的打扮。

　　一日，广发求职邮件的她得到了一个面试的机会。某公司通知小艳于次日上午10点到人事部与一位张先生面谈。小艳决定利用自己的女性优势去吸引对方眼球，以达到成功被录用的目的。

　　于是，小艳穿着一身低胸连衣裙踏上了面试的征途。

小艳内心独白：打扮漂亮点，从而吸引住面试官，这样就能比较容易地拿下这份工作吧！哦呵呵，真是个好主意！三十六计里都有美人计的啦！且看我如何大展魅力！

招聘公司的人事经理客气地接待了小艳，询问了少许问题，然后请她回家等通知——一个她永远也等不到的通知。小艳踏进人事部的那一刻，张先生只看了她的衣着打扮，就已经果断决定不予录用。

面试官内心独白：真是无语啊，我们要招的是俗称"打杂小妹"的办公室行政助理，这岗位需要的是勤劳能干、任劳任怨的踏实姑娘，你穿成这样难道是想来应聘演员职位么？看这样子她怎么都不像个能静心做事的，出局！

爱美之心人皆有之，但是，人们的穿着起码得符合"职场"这个大环境。进入公司之后，穿什么衣服就不再是一件私事了，而是你是否能成功进入公司，加入这个大集体的信号。

不恰当的着装会给你的形象减分，反之则会增色。

1. 不合时宜的暴露着装

据统计表明，有接近一半的受访者认为穿着过于随意会降低在行业中的可信度，暴露服装就是其中最不易被人接受的装扮。在不同性别的人眼里，对暴露的着装具有不同的看法，如表1-1所示。

表1-1　男性与女性对暴露着装的看法

女性对穿着暴露女性的看法	男性对穿着暴露女性的看法
·会使男同事产生尴尬情绪，不利于工作的开展 ·这样打扮的女性不够专业，能力不足 ·会使异性心猿意马，导致不正当的职场竞争 ·厌恶这种时刻在"诱惑"他人的女性	·不够自尊自爱 ·对自己的骚扰和不尊重 ·可能导致自己不小心"犯错" ·会对这种女性敬而远之

　　那么，究竟哪些着装属于会使人反感的暴露打扮呢？根据各种调查，我们发现有图1-1所列举的服装，不适合在常规办公室里出现。

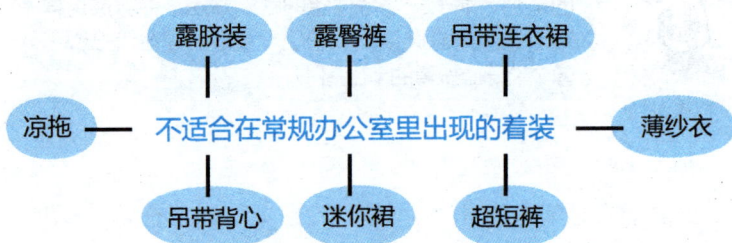

露脐装　露臀裤　吊带连衣裙

凉拖 —— 不适合在常规办公室里出现的着装 —— 薄纱衣

吊带背心　迷你裙　超短裤

图1-1　不合时宜的服装

2. 不合时宜的其他着装

　　人们常说简历是一块敲门砖，其实，恰当的着装同样是帮助职场新人赢得一份工作的利器。有些服装单独来看并没问题，可因场合不同，就会给人带来别扭的感觉，以至于引发就业危机。

　　案例讲述

　　刚应聘到某装饰公司工作的职场新人小刘，为了不使自己看起来太过年轻，购买了不少深色系套装，在办公室时常常西装革履或者穿着笔挺的商务衬衣扎着规矩的领带。

我不是"跑保险"的……

一段时间后，小刘发现自己的业绩远远不及同时进入公司的另外一位年轻人小张，虚心向前辈求教后，对方告诉他："你看起来不像设计师，而像个跑保险的。你看小张穿得多潮，时髦帅气又有个性，人家符合顾客的心理需求啊！"

所谓塑造职业形象，并不是单纯地把自己打扮得光鲜漂亮或英俊就万事大吉的！它需要与具体职业相符合，要能体现出职业特点与自己的专业性。

例如，保险、金融、公务员等职业需要穿得稳重、规矩、体面；广告、设计类的工作需要穿得有"型"、时尚；客服、幼师等职业则需要打扮得温柔、可靠、具有亲和力。

发型、服饰也应跟随职业、职位、场合的不同而作出相应的调整，只有协调同步才能被人接受。

■我行我素为标新，不分场合遭非议

追求个性与独立是不少职场新人的特色，但有的人甚至在工作场合也我行我素，做标新立异的事情。

案例讲述

小西是位硬件测试人员，在办公室同事的眼中，他是个不折不扣的"异类"：他上班时从不跟电梯里的同事问好，下班到点就迅速消失，假日也从不参与公司组织的各种活动。

最让人无法接受的是，小西常常不搭理同事的问话；当别人

这谁的电话？不关我的事！

办公桌上的电话铃声响起时，哪怕他就在旁边也不会帮忙接听；办公桌上总是放着一堆零食，哪怕有人投诉他存放的饼干在下班后招来了老鼠，小西也依然不管不顾地照吃不误。

小西这种我行我素的行为很快就引起了其他同事的反感，多人向他的直属上司投诉，人力资源主管也多次与他约谈，劝说无效之后，该公司不得不选择将他炒了鱿鱼。

进入职场，不能再像上学那样处处标榜自己的个性了，只有善解人意、做事得体的人才能在办公室如鱼得水。

职场新人在面试之前就需要事先了解公司甚至整个行业的文化氛围特点，然后在就职过程中有的放矢地调整自己的言行举止，尽一切可能快速融入团队，在职场中踏出顺利的第一步。

在融入团队的过程中要尽量回避一些比较容易让人生厌的行为。那么，什么样的我行我素行为会惹人非议呢？这里列举一些常见的让人生厌的行为，如图1-3所示。

职场中孤僻不合群的人很容易被其他同事排挤。

1 上班时不打招呼、工作时大音量放音乐、下班时不告而别。

2 不帮忙接电话，不乐意为同事帮点力所能及的小忙；当别人有求于自己时，哪怕是不用花多少时间的小事也相当不耐烦地拒绝。

3 称呼别人不分尊卑上下，没有礼貌；热衷夸夸其谈，总是一个人唱独角戏，不愿意倾听别人的述说。

4 总是孤芳自赏，对别人的提议每次都直接反驳或面露不屑。

5 做策划方案时，语不惊人死不休，哪怕提出明显不切实际的计划，也要在会议时过把惊艳全场的瘾。

图1-2 让人生厌的我行我素行为

■私人电话"高分贝"，开会不知关手机

电话是当代职场人必备的交流工具，手机、固定电话都在用，但有的新人不太注意拨打、接听电话的时机与场合，很可能在不知不觉中犯了忌讳，惹人生厌。

案例讲述

小于今年刚大学毕业，最近她到了某房产公司应聘总经理助理的职位。在面试时，小于和人力资源主管正相谈甚欢，突然她的手机响了，小于道歉之后走到公司茶水间接听了好友打来的电话。10分钟后，当她返回人力资源部时，却被告知面试结束，她没被录用。

吸取经验教训的小于找到了下一份工作。一日，她发现清早刚到公司和中午休息时公司电话很少有人使用，客户也不常在这个时间打来电话，于是，小于便经常在刚到公司时就给家里打电话报平安，在中午打电话回家告知自己想吃什么菜。

没多久，小于就被上司口头警告，不可以用公司电话机随意

拨打私人电话。

小于心想，不能使用公司电话，那我用自己的手机不就好了？如此一想，偶尔有电话打来时，小于总是无所顾虑地接听，然后用高分贝的声音同朋友闲聊，此举动直接导致了邻桌同事的投诉。结果，小于没撑过3个月的试用期就被淘汰了。

我真不是故意的……

只是单纯的不知道该怎么用电话……

当小于再次找到工作，进入第3家公司时，她终于开始注意控制自己接听私人电话的频率、时间和音量了。

好景不长，有一次公司董事开会时，嘹亮的手机铃声突然从作为会议记录人员列席一旁的小于的口袋里传出，面对众多董事的侧目，小姑娘顿然意识到，自己的这份工作又要泡汤了……

例子中的小于在使用电话时，多次触犯了用人单位的忌讳。

电话应该怎么用？其实这已经成为一种职场"规则"，老员工们都知道该怎么用，却很少有人会直接告诉即将进入职场的菜鸟们应该怎么用。

下文就提供一些常见的注意事项供大家借鉴，如图1-4所示。

1 上班时不使用公司电话接打私人电话。

2 即使是用自己的手机，也尽量不要在办公室接打私人电话，一定要打的话，请将时间压缩在3分钟之内。要对工作负责，不要被生活中的琐事打乱了正常的办公节奏。

3 不论公私电话，接听时都请控制好音量，不要打扰同事的正常工作。

4 开会、商谈、面试以及出席重要场合时，要关掉手机或将手机设置为静音，这是对他人的尊重。

图1-3 职场使用电话的禁忌

不知送客乱走道，领导进屋不起身

锻炼出完美的接人待物的方式，也是建立专业职业形象的一个关键点。有的人工作能力原本并没有任何问题，可就是不太注意一些小细节，从而导致功败垂成。

案例讲述

小雨是某婚庆公司的策划兼督导，怀着一颗为客户服务的热忱的心，她精心为一对新人作出了一份近乎完美的婚礼策划。起初一切似乎都很顺利，客户已经在考虑是否隔日就到公司签订合同，交预付款了。

遗憾的是，第二天，满怀希望的小雨却没有等来这对客户。他们之所以放弃小雨，理由是——在告辞离开时，小雨没有起身送客。就是这样一个小小的细节，让客户觉得她不够细心，不够尊重他人，于是，他们不放心将自己的婚礼交给小雨筹备。

当经理问清楚客户放弃小雨的缘由后，跟她谈了谈。在平日的工作中小雨还做过抢在客户之前进电梯并且不帮客户按住开门按钮的蠢事，还有不给客户上茶、回答领导问话时不起立等行为，每一项都触犯了职场的忌讳，不太讨人喜欢。

职场礼仪说来并不复杂，可如果一不小心做错了，后果将不堪设想。下面就来了解一些职场礼仪的基本规则吧，如图1-4所示。

等电梯时，电梯开门要按住开门键，让客户、领导先行。
出电梯时同样按住开门键，让对方先行。

基本规则一

出门时要注意身后，贸然把门关上可能撞了后来者。

基本规则二

客户、领导到来时，要起身相迎。离开时需恭敬送客。熟客至少需要送到公司大门，初次遇到的访客需要送到电梯，并帮其按电梯，目送至电梯关门。

基本规则三

只向上司打招呼问好，不理同事或下级的人会令人感觉太势利，不会受同事欢迎。

基本规则四

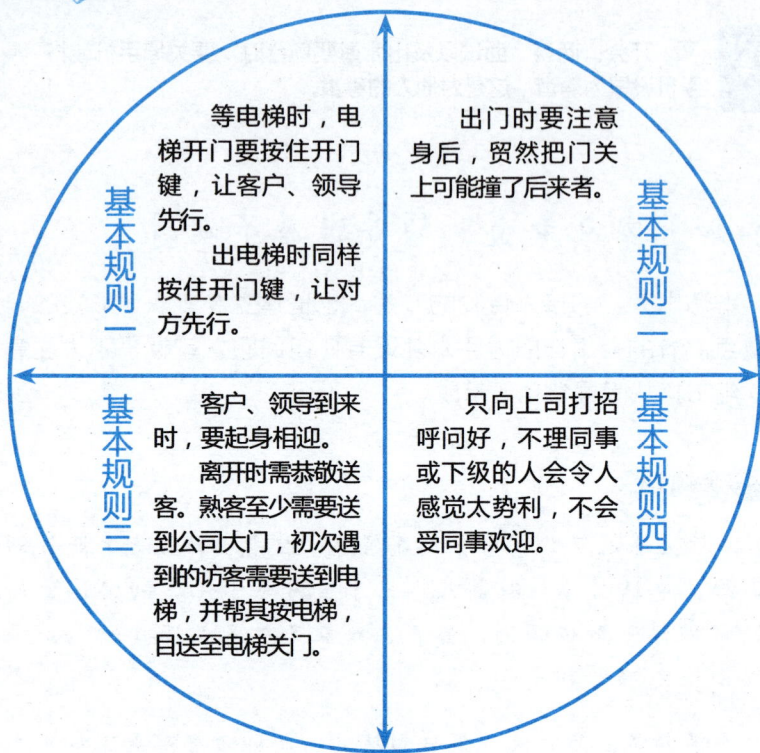

图1-4　基本职场礼仪

小文是个腼腆的青年，有一次，他在电梯中遇到了自己的顶头上司，尴尬得找不着话讲。当电梯到时，他向领导说了再见，然后抢先一步冲了出去，哪知道，电梯门却突然关上了，领导一不小心撞到了电梯门上。而这一幕刚好被公司的大客户看个正着。小文惊得手足无措，最后无奈地辞职谢罪。

自我测试：你的仪表仪态符合职场要求吗？
Self Test

所谓"人靠衣装"，着装、谈吐等仪表仪态是刚踏入工作岗位的你给人留下的第一印象，如果第一眼都让人无法接受，那也就谈不上有好的职业发展前途了。

在探讨怎样在职场中站稳脚跟、获得晋职之前，我们先来看看你的仪表仪态是否符合职场要求吧。

LEARN MORE

■给你的职业形象打个分

刚刚踏入职场的新人，你想知道自己在别人眼中的第一印象是怎样的吗？来做个测试为自己打个分吧，看看你是否讨人喜欢。

【测试试题】

1．在面试时穿了暴露/邋遢的服装。

A．有　　　　　　B．偶尔有　　　　　　C．没有

2．在办公室高分贝地讲私人电话，开会不关机。

A．有　　　　　　B．偶尔有　　　　　　C．没有

3．浑身环佩响叮当，公共场合放音响，发出惹人厌的噪声。

A．有　　　　　　B．偶尔有　　　　　　C．没有

4．我行我素不搭理同事，与人交流语气冲。

A．有　　　　　　B．偶尔有　　　　　　C．没有

5．直呼老板名字，给客户起绰号。

A．有　　　　　　B．偶尔有　　　　　　C．没有

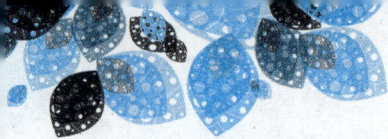

6. 谈完事情不送客，领导进屋不起身，同行不分场合乱迈步。

A．有　　　　　　　B．偶尔有　　　　　　C．没有

7. 坐下时，大腿跷二腿，摇来晃去；走路时，臀部、腰肢扭来扭去。

A．有　　　　　　　B．偶尔有　　　　　　C．没有

8. 不加掩饰地挖鼻孔、挠痒痒。

A．有　　　　　　　B．偶尔有　　　　　　C．没有

9. 交谈时过于频繁地眨眼，兴奋时手舞足蹈地高喊。

A．有　　　　　　　B．偶尔有　　　　　　C．没有

10. 用餐时无顾虑地剔牙，公共场合搔抓头皮。

A．有　　　　　　　B．偶尔有　　　　　　C．没有

11. 公共场合不客气地抽烟。

A．有　　　　　　　B．偶尔有　　　　　　C．没有

12. 办公或聚餐时，不断发出各种扰人声响。

A．有　　　　　　　B．偶尔有　　　　　　C．没有

13. 随地吐痰、随地扔垃圾。

A．有　　　　　　　B．偶尔有　　　　　　C．没有

14. 从来不清理自己的办公桌和抽屉。

A．有　　　　　　　B．偶尔有　　　　　　C．没有

15. 化浓妆，喷浓烈的香水。

A．有　　　　　　　B．偶尔有　　　　　　C．没有

【计分标准】

选择"A．有"得2分，选择"B．偶尔有"得1分，选择"C．没有"不得分，然后累计得总分。

【结果分析】

分数为0~10分

基本上没有令人讨厌的举止，你留给大家的第一印象良好。

分数为11~20分

这样的你，在职场中形象不太好。虽然你有些不文雅或不合适宜的言行举止，但并不足以引起公愤，只要能改掉这些缺点，就可以获得大家的好感。

分数为21~30分

你的职业形象相当不靠谱哦！仪表邋遢、仪态令人生厌，除非你有"厉害"的爹妈，否则职场里没人会迁就你。这样的形象会使大家对你"敬而远之"，深刻反省吧。注意自己的言行举止，争取留给大家一个好印象。

良好的形象，会改善你在职场中的境遇。

你对商务礼仪了解多吗?

刚刚踏入职场的新人，你知道自己应当怎样维护完美的职场形象吗？你了解足够多的商务礼仪常识吗？来做个测试为自己打个分吧，看看你是否对商务礼仪有足够了解。

【测试试题】

1. 接听电话时语气生硬或开着免提。

A. 有　　　　　　　B. 偶尔有　　　　　　　C. 没有

2. 客人来访时没有起身相迎，戴手套与人握手。

A. 有　　　　　　　B. 偶尔有　　　　　　　C. 没有

3. 向人递名片时没用双手或没按照对方的视觉顺序注意名片的反正。

A. 有　　　　　　　B. 偶尔有　　　　　　　C. 没有

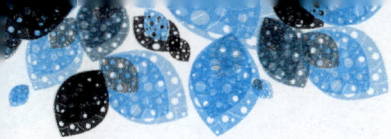

4．公司里，面对迎面走来不熟悉的同事或客户，你不带一丝笑容地与之擦肩而过。

A．有　　　　　　　B．偶尔有　　　　　　C．没有

5．在公司例会时忘了关手机，会议中突然铃声大响。

A．有　　　　　　　B．偶尔有　　　　　　C．没有

6．随意跟老板或上司勾肩搭背、称兄道弟。

A．有　　　　　　　B．偶尔有　　　　　　C．没有

7．在上司之前敬酒，敬酒不起立。

A．有　　　　　　　B．偶尔有　　　　　　C．没有

8．女性化着大浓妆，衣服暴露或透明；男士在正式场合掳袖子、挽裤腿。

A．有　　　　　　　B．偶尔有　　　　　　C．没有

9．被上司或客户夸奖后，在办公室里炫耀、吹嘘。

A．有　　　　　　　B．偶尔有　　　　　　C．没有

10．在企业电邮里发送与工作无关的私人信件，例如笑话、约会邀请等。

A．有　　　　　　　B．偶尔有　　　　　　C．没有

11．西装内穿短袖衬衫，黑西装黑皮鞋配白袜子。

A．有　　　　　　　B．偶尔有　　　　　　C．没有

12．腰带处吊挂钥匙，因塞钱包等导致口袋鼓鼓囊囊。

A．有　　　　　　　B．偶尔有　　　　　　C．没有

13．当在生活中遇到不顺心时，将情绪带到办公室，冲同事或下属发飙。

A．有　　　　　　　B．偶尔有　　　　　　C．没有

14．对同事的言行、举止、工作能力指手画脚，直接不客气地

表达自己的不满。

A. 有　　　　　　B. 偶尔有　　　　　C. 没有

15. 越级发牢骚。

A. 有　　　　　　B. 偶尔有　　　　　C. 没有

16. 在公共场合被上司批评时，直接与之发生争执。

A. 有　　　　　　B. 偶尔有　　　　　C. 没有

17. 平级关系或重要客户请秘书帮忙拨打电话，等电话通了之后再转接。

A. 有　　　　　　B. 偶尔有　　　　　C. 没有

18. 在公共场合抽烟，在与客户谈话时嚼口香糖。

A. 有　　　　　　B. 偶尔有　　　　　C. 没有

【计分标准】

选择"A. 有"不得分，选择"B. 偶尔有"得1分，选择"C. 没有"得2分，然后累计得总分。

【结果分析】

分数为0~10分

你对商务礼仪了解得太少了，需要好好"补课"哦！在生活中，行为处事得符合一定的规范，才能被周围的人认同，在职场中顺利前行。不合格的商务礼仪会使你事倍功半、丢掉客户、错失升职良机甚至被炒鱿鱼。

分数为11~24分

你对商务礼仪有一定的了解，但还不够深入，再多了解一些职场常识，可以助你更顺利地在公司站稳脚跟！

分数为25~36分

恭喜你了解并掌握了不少商务礼仪，恰当地在职场中运用这些礼仪，会使你在工作中左右逢源，事业蒸蒸日上！

通关宝典：职场着装与礼仪
Best Solution

完美的着装与礼仪是职场人的必备武器，是决定你工作成败的第一步棋。

那么，我们怎样才能抓住职场着装、礼仪的脉络？

怎样才能用最简单的方法穿着得体？

怎样才能快速了解职场必知礼仪？

如果你不知道，通关宝典将告诉你。

LEARN MORE

■ 打造职场精英的6个方法（男生篇）

俗话说"人靠衣装，佛靠金装。"初入职场的男生们，要想迅速成为商务精英"男士"，那一定得将自己的着装打点妥当。注重完美细节的人，才能描绘出完美的人生。

案例讲述

小庞近日刚应聘到了一国有企业工作。第一天上班，他穿了件白底浅紫花的衬衣和牛仔裤，一进办公室就万众瞩目，引来了不少晦暗不明，略带鄙夷的眼神。

几日之后，当小庞穿着圆领T恤、露趾凉鞋走进办公室时，忍无可忍的科长直接指出他着装不合格，要求他回家更换后再来。

> 科长，对不起，我错了……我下次一定会西装革履地来上班……

职场中应针对不同单位、不同场合穿着不同风格的服装。通常，政务、商务、国企等单位要求着装严谨一些，娱乐、创意等公司则可以较随意。

那么，怎样才能"打扮"得看上去正式而精英呢？

1. 入乡随俗定穿着

男士商务着装通常分为西装、革履、衬衣、领带、手表齐全的全套套装；有正式西装无领带的半套套装；西装或衬衣款式稍休闲的商务便服；非西装类的休闲便服4种形式，职场新人应当入乡随俗确定自己的穿着标准，如图1-5所示。

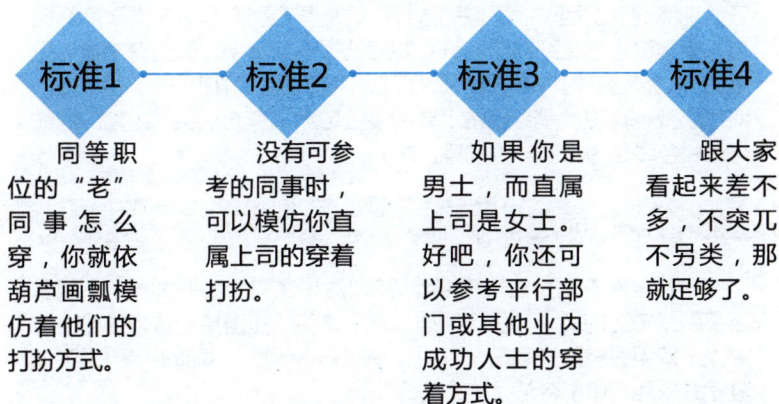

标准1	标准2	标准3	标准4
同等职位的"老"同事怎么穿，你就依葫芦画瓢模仿着他们的打扮方式。	没有可参考的同事时，可以模仿你直属上司的穿着打扮。	如果你是男士，而直属上司是女士。好吧，你还可以参考平行部门或其他业内成功人士的穿着方式。	跟大家看起来差不多，不突兀不另类，那就足够了。

图1-5 男士着装参考标准

要考察自己是否穿得得体要当很容易，在开会或合照时，你的发型、衣服款式、颜色等能使你"泯然众人矣"就足够了。记住一句话：大部分的职场，都不是标新立异的场合，除非你的工作就涉及"创意"。

2. 西装衬衣不可少

西装和衬衣是职场男士必不可少的着装"要件"，那么，我们应当怎样挑选这两样必需品呢？

选择西装的技巧，如图1-6所示。

不同场合的西装着装

严肃场合应选择黑色、藏青、深灰色的正统常见西装；浅色、暗条纹款式的属于休闲偏正统西装，不太严肃的正式场合也可选择如此穿着；亮色、花纹、格子、明显条纹款式的属于休闲西装，不适合在正式场合穿着。

西装的质地和做工选择

冬季西装面料毛质地比较高档；毛涤则比纯毛料挺括、价钱便宜；纯涤的廉价西装，尽量别选择。春夏季西服则可以考虑聚酯纤维与人造丝这样的化纤混纺面料，并应选择挺而不硬、触摸有明显毛型感的。选择西装时还得看驳领、口袋、纽扣是否对称平整；领、袖、前襟以及整体熨烫是否服帖；针脚是否匀称，有无线头；纽扣、缝线与面料色泽是否一致、协调等。

西装合身的标准

双手自然下垂，袖长距离手虎口2厘米左右，不能太长也不能露出手腕；扣上前扣，可从衣领放入一个拳头，应避免无法扣拢或空隙太大；双手握拳放于胸前，双肘可举起到水平状，背部不松但也不过分绷紧；西裤腰围合适，能方便穿脱。

西装的穿法

三粒扣西装可以只系第一颗纽扣或系上两颗扣，两粒扣西装只系上边那粒；双排扣西装，所有纽扣都要系上。

图1-6　西装的选择和穿法

选购西装之后，不要忘了把袖口的醒目商标拆掉哦！这不是用来显摆西装品牌的标志，切记应该剪掉，免得贻笑大方。

西服衬衫的款式非常多，在看得人眼花缭乱的各色各款衬衫中，我们应当怎样选择呢？如图1-7所示。

搭配方法1　传统的西服衬衫为大尖领，领子夹角较大，比较正式，领带应打大结。系扣领衬衫比大尖领衬衫休闲，适合配搭小领结领带，比如纱质的领带巾。

搭配方法2　白色、蓝色和灰色衬衫比较正式，适合与黑西装或藏蓝正统西装搭配。几乎隐约可见的暗条纹衬衣也适合与正式西装搭配。重要社交场合需选品质精美有艺术感面料的衬衫，颜色以白、黑色最为妥当。

搭配方法3　怀旧文艺情调的印花衬衫搭配正统西装，可以创造出一种介于休闲和正统之间的轻松感觉，在午餐聚会、度假会议等场合如此穿着都很合适。

搭配方法4　明条纹或格纹衬衫适合与休闲西装搭配，若喜欢条纹又想要看起来正式，一定不能选择条纹太宽或颜色太跳跃的衬衫。

搭配方法5　衬衫袖子应比西装袖子长1厘米左右；当衬衫搭配领带时须将领口纽、袖口纽等全部扣上；衬衫领子的大小，以塞进一个手指的松量为宜；不系领带配穿西装时，衬衫领口处的纽扣不用扣上。

图1-7　衬衣的搭配方法

3. 领带与鞋细挑选

领带对于职场男士来说是一种必不可少的配饰，挑选领带也有一些需注意的要点，如图1-8所示。

要点1　穿上你的西装去搭配着买领带，选择的领带一定要试系，可以请有经验的朋友或导购帮忙挑选。
　　如果，你碰巧没有穿需配领带的西装或衬衣，可在专柜中借用相似的服装进行搭配。

要点2　蓝色、灰色和深红色的素色领带比较百搭，适合各类西装。

要点3　正式场合若不喜欢纯色这种过于严肃的领带，可考虑沉稳的斜纹，或有规律重复的圆点、菱形、花等传统纹样。

要点4　尽量避免选择花纹过大或颜色过于出挑的领带，以免自己无法驾驭，穿不出妥帖的感觉。

要点5　领带底色可以选择与西装同色系或对比色系，图案颜色则可以与衬衫颜色相近。

图1-8　领带的选择要点

　　如此一来这种搭配是否适当就能一目了然了。再者，挑到合适的领带后要对着镜子试系，才能知道领带材质能否打出丰满挺拔的结型。况且，领带有时会因制作工艺不当，导致怎么系都是歪的，因此一定要试系。

　　领带一定要试过之后才能买！有的领带因为质量问题，很可能无法打出漂亮的结；有的则可能因为花纹不妥，给人一种扭曲的视觉效果。

　　商务皮鞋的选法很简单：首先，它应当是黑色或深咖啡色的；其次，鞋面不要有明显的金属饰物；然后，请选择真正的"皮"

鞋；还有，系带鞋比起无带的更严肃，可根据场合选择不同的鞋；最后，好的皮鞋需要时刻擦油保养，一旦破旧就应当果断抛弃，再换新鞋。

4. 发型妆容很重要

通常，除了创意行业之外，职场男士的发型发色需体现出成熟、稳重、不轻佻的感觉。

因此，男士的发色不能过于醒目，以黑色自然色最佳；发型要避免过于时髦，最保守的稳妥做法是，旁不过耳、后不过领、时常清洗。

5. 随身配饰需注意

女人可以用首饰来提升自己的品位和档次，其实职场男士也有类似的"增值"工具——手表、钢笔、名片夹。

当你需要看时间时，在客户面前亮出体面的手表肯定比看手机更妥当；当你需要在文件上签字时，选择高档钢笔肯定比一只塑料签字笔更体面；当别人递给你名片时，不能直接塞裤兜吧？名片夹也是商务男士必备的配件。不要忽略这些小细节，它有可能会决定你的工作成败！

至于手表、钢笔、名片夹的选择，可根据经济实力挑选不同档次的大方、精致、质感好的商务款式。

6. 不穿西装也能行

职场中的男士不一定时刻都穿着西装，那么，在没有西装时，应当怎样注意自己的着装呢？其要点如下：

◆ 选择深色或纯色有领、挺括、质地高档的外套，以此代替西装，避免闪光面料。

◆ 穿着有领有袖子的衣服。在重要场合时一定要避免穿短袖，例如圆领短袖T恤。

◆ 穿衣时选择黑色、深蓝色、灰色、白色、咖啡色、驼色等中性、稳妥的颜色。非创意行业应避免选择红、黄等个性色。

> 职场中不只女士不能穿得"暴露"，男士也是一样的哦！切记，不露胸、不露毛、不露胳膊小腿、不露凌乱随身物。

■培养优雅职业女性的5个妙方（女生篇）

职场女士的着装，不比男士简单，因为我们不仅要穿得"商务"得体，还要优雅亲切。

案例讲述

年轻的小静在出席一次商务洽谈会议时，为了体现自己稳重、专业的职业形象，穿了一身黑色的套装，白衬衣、黑西装外套再加上黑色的A字裙和皮鞋。

事后，她被部门经理连讽带刺地责备道："你是卖保险的吗？还是在参加葬礼？轻松的洽谈酒会而已，有没有必要穿成这样？！"

小静这才明白，适合男士的着装方式不一定适合职场女性，那么，究竟应当怎样才能穿出品位和格调呢？

女士的商务着装，其实不用像男士那样在颜色上斤斤计较，可以更灵活多变一点，下面就介绍女士合理地穿出职业形象的5个妙招。

1. 女士着装大原则

选择简洁、大方的服装款式，不该露的地方别露，还得适合本人的性格、职业和企业文化。

衣服质地要好，一定要很合身，配饰要准备丰富适时选用，职业的深色西装套装不可少，但各色淡雅的衬衣和较温柔色系的外套也得备上。

套装的首选是裙装，其次是裤装，短袖连衣裙加外套也可以是备选方案；以套装为底色来搭配衬衣、毛衣、鞋袜、围巾、腰带等配饰。

2. 衣裙颜色与款式

职场女士挑选衣物时有一些固定的颜色款式搭配方法，如图1-9所示。

1 外套较正式的有海军蓝、灰色、炭黑、淡蓝、黑色、栗色、锈色、棕色、驼色。休闲或柔和的则是浅黄、粉红、浅绿等。通常，严肃场合需要选择深色外套，但可以适时搭配温柔色系的衬衣。	2 衬衣可以有领也可以无领，可以纯色也可花色，如果要选择花色衬衣，切记不能过于鲜艳、花哨。
3 严肃职场禁穿皮裙、迷你裙、吊带裙、短裤、七分裤。套装裙子应及膝或过膝，坐下时不能"走光"。	4 非严肃场合可以不用穿套装外套，大方的外穿衬衣和针织衫也可以用来配套装裙。

图1-9　选择合适的衣物

3. 鞋袜和手包需注意

同商务男士着装一样，职场女士在着装时鞋袜也是需注意的重点，只是女士可选择的范围更大，更不易确定要点。此外，随身携带的手包也需要妥当搭配，其要点如图1-11所示。

包鞋 中性色的包鞋（把脚全包起来的鞋子）是职业女性最妥帖的选择，这种鞋不会出彩但也绝不可能出错。包鞋之中，船鞋是最正式的女士职场用鞋，可以选择中高跟搭配各类职业套装。

半包鞋 露出脚趾或脚后跟的半包鱼嘴鞋等比全包鞋休闲，在气氛较宽松、愉悦的场合可以尝试穿着，它可以展现一种柔和、亲切的女性形象。

凉鞋 完全露出脚趾脚跟的凉鞋并不适合商务场合，只有在允许穿着商务便装的企业才能选择这种凉鞋。此外，即便是选择了凉鞋，也尽量避免穿"凉拖"，即似拖鞋的凉鞋款式。

长统靴 在正式的商务场合，应尽量避免穿长筒靴。社交场合则可以根据服装进行自由搭配。

时装鞋 正式的商务场合要避免穿着闪亮质地或装饰很夸张的鞋子，中庸一点才能游刃有余。

袜子 在正式场合穿裙子时需穿丝袜，短裙配长丝袜，长裙配短丝袜，关键在于别露出袜子的边沿。肉色的丝袜可以搭配任何衣服，黑色丝袜或深灰丝袜适于搭配深色套装。网眼、暗花、桃红等妩媚的丝袜则留着周末逛街穿吧。

提包 提包的颜色应与鞋子相仿，皮质的最好，款式应大方、不花哨。通勤包就是不错的选择。

图1-10 选择合适的鞋袜、包

正式场合穿一双破了洞的丝袜很窘啊！所以，女士们别忘了在包里放上双备用丝袜哦！

4. 别忽略发型和妆容

职业女性的发型应利落、好梳理，随意披散不可取，但不一定非要盘发髻，梳好看的韩式辫子也是不错的选择。头发的颜色则应当以天生的黑色或自然的深栗色等为主，别太鲜艳挑眼。

职业女性应当化淡妆，雅致的妆容比素颜或浓妆更使人显得美丽而朝气蓬勃。

5. 注意小饰品的搭配

女士们总喜欢戴些小饰物，如发卡、项链、戒指、手镯甚至足链等。而职业女性佩戴的饰物数量不能过多，应保持在3件以内。

职业女士的饰物样式还应与服装协调，款式不能太繁复，以精致简约为最佳选择。例如，应避免戴耀眼的大圈耳环，夸张的装饰性项链（晚宴时除外）等。

手表除了显示时间外也具备装饰性。用精致的手表代替手镯，也是种不错的选择。

■接打电话的7个技巧

电话，是当代职场人必不可少的沟通工具，接打电话时的方法是否恰当，决定着职场新人能否建立起专业的职业形象，决定着个人职位的稳固和企业形象的建立。

下面，就来介绍一下接打电话的必知技巧。

◆ 电话铃响起后在不超过响五遍时一定要接起，然后自报家门，"您好，这里是××公司××部"。声音要清晰而悦耳，询问对方时语调应亲切而客气。

◆ 接打电话时要保持良好的坐姿和心情，并面带微笑，不能进食或者做看书、看报等别的事情。因为，即使没有视频，对方也能感受到你的状态。

◆哪怕只是帮人接电话，也得了解对方打来电话的原因，记录When（何时）、Who（何人）、Where（何地）、What（何事）、Why（为什么）和How（如何进行）等电话关键要素。

◆接到找寻上司的电话时，应避免直接转接电话，最好先询问对方的姓名和大概意图，然后转告上级，由他判断是否接听。

◆在打电话之前应列出内容要点，免得自己词不达意或忘记说关键的事情。如果要找的人不能接听电话，可询问对方什么时间方便，或留下自己的电话号码和回电时间。

◆公务电话拨打到单位时别选择临近下班的时间段，以免耽误他人时间，或被敷衍应付。当不得已需要打到对方家中或手机上时，应避免选择吃饭和休息的时间。

◆通话完毕后，一般应由地位高的人先结束讲话，或者己方致谢、致歉等之后挂电话。挂电话前，一定要说"再见"等结束语，并轻轻放置电话。

■接待来访客户的6个步骤

接待客户是大多数职场人士的必备工作之一，它有没有什么要点、步骤可循呢？

案例讲述

初入职场的小静每次在有客户拜访时，总觉得手足无措，不知道自己该说什么，该做什么。

某日，有位资料里写明有心脏病的客户前来拜访，小静竟给对方倒上了咖啡！直到客人一口未动地离去后，

她才恍然明白，咖啡是心脏病病人的禁忌啊，应当询问一下对方想喝什么而不是自作主张才对！

一杯咖啡就使得客户跑掉，前功尽弃，很是不划算。

那么，我们在接待客户时，究竟应当怎么做呢？图1-11所示即为接待客户的6个步骤。

> 得知客户将要拜访时应了解对方的抵达的时间，预先留出充分的时间来接待客人。有可能的话，预先了解对方的喜好，可有针对性地进行接待。

> 礼貌地迎接客人光临，当客户入座之后，需在询问后殷勤地为对方上饮料或茶水，还需注意干净卫生和保证供应。

> 与客户交谈时不能一心二用，不能同时做打电话、撰写文件、与其他同事交谈等其他杂事。中途暂时离开时，需向对方致歉。

> 从客户的角度去看、去想，预测客户的需求。在对方的拜访过程中，有针对性地与之沟通，讲解时要有必要的数据材料做辅助说明。

> 需要带领客户到别处去时，需在客户左前侧作引导，并配合对方的步调调整自己的脚步节奏。

> 送客户离开时，要以恭敬的态度、亲切的笑容鞠躬或挥手致意表示恭送，最好是等客户完全消失在视野外时再返回，例如电梯门关闭后。

图1-11　接待客户的6个步骤

■收发邮件的5个妙方

电子邮件是现代化办公中不可或缺的一种沟通手段，要能按照职场的要求完成收发邮件，才能建立职业形象。那么，我们具体应当怎么做呢？

◆应使用Outlook、Foxmail等专业的邮件收发工具接收邮件，确保及时、无遗漏并且分类清晰地收到商业伙伴寄来的邮件。

◆发送商务邮件时一定要注明详尽标题，帮助对方判断是否有必要阅读该邮件，从而提升自己邮件的关注率。

◆撰写邮件时应在正文中按照常规的通信格式抬头称呼对方，以示礼貌。收件人姓名可使用中文全称，以示敬意。

◆撰写邮件正文时需层次分明，内容具体，避免拖沓。

◆如果电子邮件中带有附件，需在正文对附件内容进行总结，使收件人心中有数；邮件附件需避免内容过多、容量过大。

> 对重要的沟通事项，在发送邮件后需电话联系对方让其注意查收；如果重要邮件石沉大海，可尝试提醒对方查收，但提醒次数不宜过多，以防对方是故意不想搭理。

■拜访客户的4个方法

要想顺利获得客户，拜访方法如下：

◆注意形象，计划周全，材料详细，有针对性地了解客户需求。

◆开门见山，直述来意、察言观色，投其所好。

◆让客户讲出自己的需要，然后宣传我公司的优势，诱之以利。

◆做好二次拜访的计划，乘势追击，逐个击破。

职场工具箱
Workplace Toolbox

前面，我们讲了关于塑造职业形象的相关知识。除了自我形象之外，完美的专业文件也是打造职业形象中的一个环节。下面我们就为大家提供两种常见的职场文件必备模板。

LEARN MORE

■对外公文写作模板

公文写作是职场中常见的工作项目，"公文"的范围很广，包括商洽函、答复函、请求函等，这里选取最常见的《商洽函》进行介绍，其内容如图1-12所示。

×总经理：

您好！

我方在××得到贵公司的名称和地址，盼与贵公司建立商务关系，特函奉告。

本公司系××公司，具有十年的××××经验，商誉驰名。我方希望××，我方具有××，一定会使贵方满意。

对我方的信用，如需作进一步的了解，请向××查询。

盼尽速回音。

×× 有限公司

2011年10月15日

图1-12 商洽函模板

■电子邮件模板

电子邮件是职场中最常见的一种交流手段，下面就提供一份外企中由上司发送给下属的英文邮件模板，以及一份某公司发给客户的中文模板供大家参考，其内容如图1-14所示。

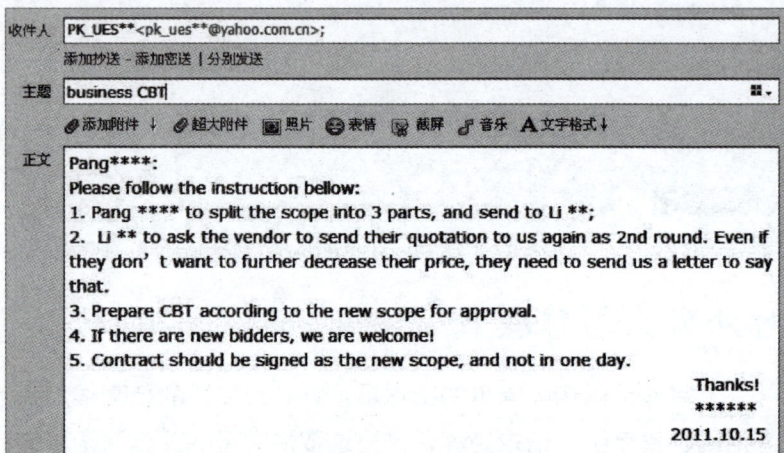

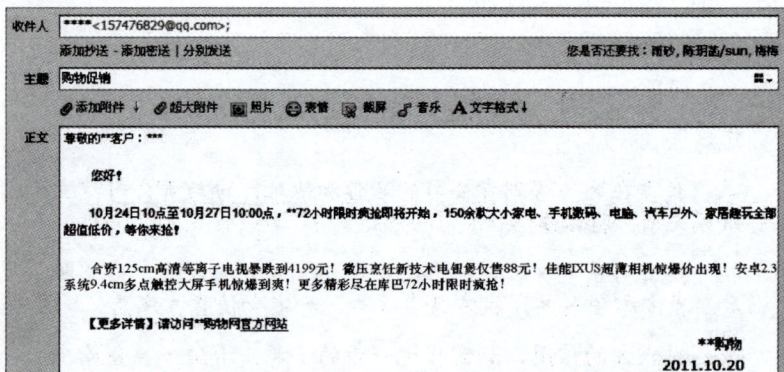

收件人 PK_UES**<pk_ues**@yahoo.com.cn>;
添加抄送 - 添加密送 | 分别发送
主题 business CBT

正文 Pang****:
Please follow the instruction bellow:
1. Pang **** to split the scope into 3 parts, and send to Li **;
2. Li ** to ask the vendor to send their quotation to us again as 2nd round. Even if they don' t want to further decrease their price, they need to send us a letter to say that.
3. Prepare CBT according to the new scope for approval.
4. If there are new bidders, we are welcome!
5. Contract should be signed as the new scope, and not in one day.

Thanks!
******
2011.10.15

收件人 ****<157476829@qq.com>;
添加抄送 - 添加密送 | 分别发送   您是否还要找：甫砂,陈羽凯/sun,梅梅
主题 购物促销

正文 尊敬的**客户：***

您好！

10月24日10点至10月27日10:00点，**72小时限时疯抢即将开始，150余款大小家电、手机数码、电脑、汽车户外、家居游玩全部超值低价，等你来抢！

合资125cm高清等离子电视暴跌到4199元！徽压烹饪新技术电锅煲仅售88元！佳能IXUS超薄相机惊爆价出现！安卓2.3系统9.4cm多点触控大屏手机惊爆到爽！更多精彩尽在库巴72小时限时疯抢！

【更多详情】请访问**购物网官方网站

**购物
2011.10.20

图1-13　电子邮件模板

第2章

初入职场打造好人脉

看本章之前，先回答两个问题，你是否认为干工作是凭个人本事，有能力就行，其他一切都无关紧要？你是否努力于建立人脉关系却常常被人遗忘在小团体之外？

如果答案是肯定的，那么，你千万要仔细阅读本章内容了。

因为，据斯坦福研究中心的某份调查报告所说：一个人所拥有的财富，仅有12.5%来自知识，其他的87.5%则来自人脉！

你需要认识人、与人建立关系、将各种关系打造为人脉网络，这样才能在职场中立足，并游刃有余。

因此，本章的中心内容就是——如何成功打造人脉。

隐藏陷阱：心态不佳，人脉无望
Hidden Trap

很多时候，一个人能否成功，不取决于你知道些什么，而是取决于你能认识谁。

职场中，有些人不知道人脉的重要性而举步维艰；有的人能逐渐认识到"人脉"的重要性，于是心急于打造人脉，却因为心态不佳、操作不当等各种原因认识了一堆人，而有用的关系却没能建立一个。那么，在打造自己的人脉关系时，有哪些陷阱是需要我们注意的呢？

LEARN MORE

■心急吞下热豆腐，做人做事唱高调

每个人都渴望成功，但能成功的人毕竟是少数。刚踏入职场的年轻人往往急于求成，却常常在急功近利中丢失了本心，或者欲速则不达。

案例讲述

小敏从学校毕业后，到某投资担保公司任职财务人员，每月拿着固定的薪津。一段时间后，她发现某些业务员在完成业务提成后，薪水远远超过了自己。

于是，心急赚钱的小敏向公司申请转为业务员，领导出于人性化管理的考虑，在劝说未果后，批准了小敏转部门。

在成为业务员之后，小敏才逐渐意识到，这并不是一个适合女孩子的、轻松有趣的工作，性格稍显内向、体力又不算很好的她，做起来相当吃力。

一年之后，小敏的薪水没见有多大幅度的提高，人却变得又黑又瘦，累病了好几次。而与她同期进公司，踏踏实实从小财务助理做起的另一个女孩，却已经成了公司的主办会计，年终奖相当丰厚。

此时，小敏才悔不当初，连连感叹：心急吃不了热豆腐啊！

> 跑业务其实是一个很苦的活，无论严寒酷暑，只要工作有需要就得出门奔波。
> 一年四季东奔西跑相当疲累。
> 遇到难缠的客户还会要求陪吃陪喝，女孩子做起来总是提心吊胆。

做事急于求成，就像囫囵吞枣，永远都不会品尝出食物美妙的滋味。新入职场，不能只急功近利地盯着钱，需要慢慢磨砺、沉淀自己。

不管是心急换岗位，还是心急求表现，其实都是不明智的行为。

案例讲述

学建筑设计的晓东，在大学时就拿过一些小奖项，毕业后他如愿进了一家知名设计单位，在办公场合，他总是高调地提及自己过往的成绩，希望以此得到上司的重视。

在工作时，他也总高谈阔论，甚至对着别人的设计图指指点点。

晓东不知道的是，那份明明没有问题，却被他吹毛求疵地指出设计上不美观、结构上有缺憾、绘制不精细的图纸恰好是单位某位资深员工的得意之作。

> 资深设计师内心独白：一个小毛孩你知道些什么？！不就是在学校里得了两个奖项吗？有什么好得意的？！我们单位得国际大奖的人还没吱声呢！就显你一个人能耐啊？！真是不像话！

公司同仁渐渐对晓东心存厌恶，甚至有人不爽地给晓东穿了几次小鞋。当晓东发现自己的做法有误时，已经悔之晚矣。

职场新人做事总是急于求成，可越浮躁越容易做错，甚至可能走上错误的道路，最终导致无法成功。那么，什么样的急躁做法是我们需要避免出现的呢？具体内容如图2-1所示。

1 为了彰显效率，草草地完成工作，稍后又来弥补之前的遗漏。

2 工作中追求完美，希望精益求精地表现自己，结果越来越紧张，越来越容易出错。

3 工作上太急于求成，表现得不够冷静，不满意时甚至冲人发火。

4 在办公室高调地表达自己的观点，不在意别人愿不愿意倾听。

5 高调地讨好上级，甚至让人有目共睹。

6 喜欢标榜自己付出的努力，嘴上说的永远比实际干的多。

图2-1 职场中需避免出现的急躁行为

上述内容只是简单讲了常见的错误做法，在实际工作中需注意的地方还很多。总之就是需要沉着冷静，多看多想，高调做事、低调做人。

■单打独斗为凸显，好高骛远不成器

职场中，有一群人被称为"独行侠"，他们为了凸显自己的能耐，总是一个人埋头苦干，不愿意与人分享"功劳"。

不曾想，他们却在不知不觉中脱离了大众，被人排挤。更惨的是，由于过高估计了自己的能力，导致任务没能像先前打包票那样完成。年终时，无奈成为领导痛下杀手的鱿鱼——被炒掉。

> 职场中单打独斗不但成不了英雄，还可能被人刁难。

案例讲述

前文中提到的晓东，其实是一个相当爱岗敬业的员工。他总是自发地熬夜加班；总是突发奇想地给上司递交创意方案，但这种方案往往不能付诸于现实。

他总是单打独斗，因为他看不上同事，同事们也不喜欢与他合作。有时候他只是单纯地求表现，可同事们会觉得他贪功、抢功。

> 咦？为啥我会吃力不讨好？

因此，他总是干了许多事情却没落得一个好评。领导对他的评价是：好高骛远不能成器。

在当今职场中，讲求的是"团队合作"，仅靠个人的单打独斗是不可能成功的，哪怕你的能力强到可以以一当十，也不可能在职场中生存。

职场"独行侠"有各种表现和结局，具体内容如图2-2所示。

独行侠的各种表现和结局

有的人是因自己人缘不佳被迫独行，这有可能是由于在跟同事相处的过程中，给人一种不值得信任或讨人厌的感觉造成的。

有的人性格有些内向，生活中就不擅长与人交流，于是工作上也喜欢独来独往，不合群，或者干事情时有些"超凡脱俗"，无形中就与人划开了距离。

才华或相貌太过出众的人会因为别人的"羡慕嫉妒恨"而被孤立，这种情况的"独行侠"其实可以通过换个更好的工作或环境来摆脱这种窘境。

有的人不习惯被人注目，有时会下意识地逃避，这种下意识的行为也可能成为"独行"的原因。

没人愿意与"独行侠"合作或分享劳动成果，与同事相处不好，上司也不喜欢，很可能劳而无功，努力了反被人鄙视。

图2-2 剖析职场"独行侠"

要想在职场中稳步前进，除了会工作之外，还得会和人相处。真诚而友好地对待他人，能够帮助你获取对方的好感，进而事半功倍地在职场中获得晋升空间。

■君子之交水太淡，忽略构建人脉网

有的人在职场中虽然并不是故作清高，但总喜欢用"君子之交淡如水"作为自己的座右铭，不会轻易表现出和谁亲近或疏远，也不在同事面前过多地表达自己的观点。

这么做其实没错，却需要把握一个度。将同事关系变成了兄弟姐妹关系，工作确实没法做；但如果同事之间的关系太淡，其实也并不是好事。

案例讲述

刚踏入职场的小于认为工作就是工作，工作跟生活的状态必须截然分开，不在工作中与人谈论各种生活中的话题，这样才足够"专业"。

于是，她几乎从不参与办公室的闲聊，不与人嘻嘻哈哈地说笑，下班后也不会和同事一起逛街吃饭。

怎么就没一个人能想到我呢？

没想到的是，有一次公司组织了一次休闲郊游，临近出发时间小于遇到大塞车，没能按时赶到集合地点，等她抵达时，旅行车已经驶出了很远。

在汽车行驶时，居然没一个人说："小于还没到。"这种情况，是大家无意或有意的遗忘，但归根结底却是因为小于在日常工作中就没能和同事建立起友好的关系。

有不少人认为，在同一个公司中，同事之间有明显的利益关系，容易发生冲突，同事之间不太可能存在真正的友谊，因此不值得和工作伙伴交朋友。

其实，这种想法并非绝对正确。完全与同事或客户淡淡相交，意味着他们有好事时也不会想起你。

我们其实可以试着在工作场合中与人为善，以诚相待，慢慢把同事、客户发展为有一定友好关系的朋友，说不定某日对方就会成为你找工作或赚钱的桥梁。

人脉网是需要在不经意间，细水长流地构建起来的，一直与人淡然相处，那永远也构建不了牢靠而有用的网络。

■人脉扩充靠饭局，往来尽是酒肉友

中国人喜欢在饭桌、酒桌上谈事，喜欢在饭局中结交朋友。于是，有的人扩充人脉关系全靠吃饭，一来二往地请客花了不少钱，后来才发现，请吃饭时是一呼百应，想找人办事时，却没人应声了！

案例讲述

小西是个很大方的年轻人，立志于创业的他，经常呼朋唤友地下馆子、去酒吧，更爱绷面子抢着买单。

在酒桌饭局上，"朋友"们总是拍着胸脯保证能给他找什么关系，能帮他拉到怎样的客户等。

> 唉哟，白吃白喝真爽啊！这呆子，天天请客，不吃白不吃！

后来，当小西真正将自己的想法付诸于行动，开起了广告公司，想找人帮忙时却发现那帮酒肉朋友通通偷溜了！

喝酒吃饭其实只适用于建立人脉关系的初级阶段，这是人脉行程的开始。吃饭不重要，能否通过吃，找到真正值得下工夫维系友好关系的朋友，找到值得"投资"的有价值的人，并建立默契，这才是最关键的。

我们应当快速分辨出某些人是否值得交往，是否能够接受自己，否则，无论请多少次客也是白请。

人脉关系有多种，我们可以参考各种不同的关系线，去编织自己的人脉网，如图2-3所示。

因工作中与各类客户打交道而形成的人脉关系。在为顾客服务时，可用诚信积累人脉资源。	因共同工作或处理事务而产生的人脉关系。同事、上司、下属，一段短暂的共事经历都能形成良好的人脉关系。	公交车、火车上的短暂邂逅也有可能是机遇，善于结交朋友的人，能通过等车的短短几分钟就结识朋友，编织关系网。
客缘人脉	事缘人脉	随缘人脉
血缘人脉	地缘人脉	学缘人脉
由家族、宗族、种族形成的血缘人脉关系。	因居住地域形成的人脉关系，例如老乡、老邻居、老战友关系。	因共同学习而产生的人脉关系。小学、中学、大学的同学关系，各种短期培训班、会议中认识的人等。

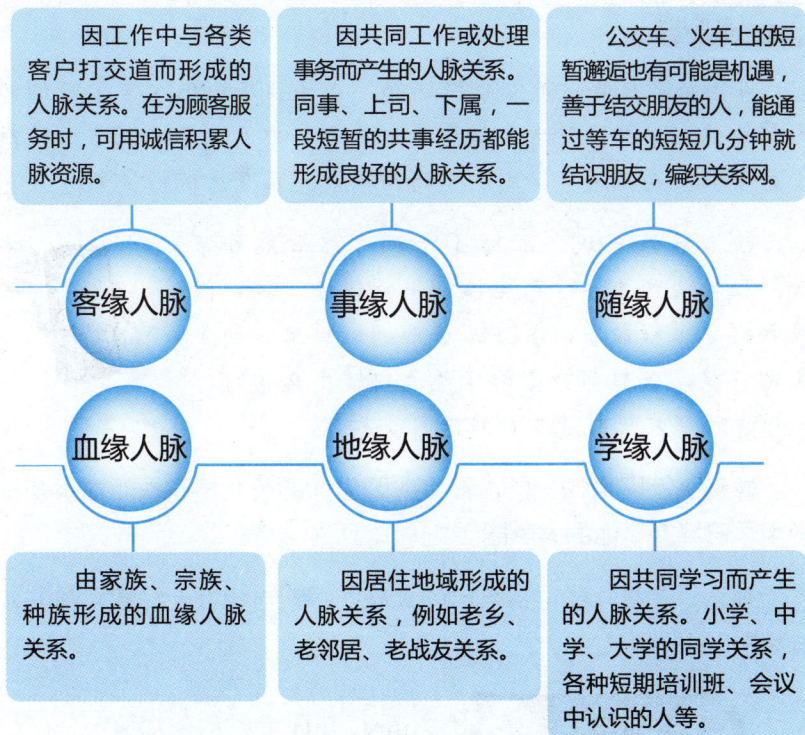

图2-3 人脉关系的种类

在各种不同的人脉关系中，其实都可以找到适合你的结交对象，只要你有一双善于发现的眼睛。

人脉关系只知搭建，不维护不扩展

人与人之间的关系有可能越来越亲密信任，也可能逐渐疏远或彼此猜忌。

当你建立好人脉关系网之后，如果不去维护，那友谊就很难保持了，彼此的关系也可能日渐疏远，甚至"断网"。如果不去扩展，那关系网就会一直保持在狭窄的状态，直至无法运转。

案例讲述

年逾30岁的小刘是个年轻妈妈，由于性格内向，中学时代的同学都没几个能保持长久的联系。某日，她在公车上偶遇已经断了联系的某高中同学，闲聊中得知对方是儿童医院的医生。

两人详谈甚欢，互留了手机号然后各奔东西。性格内向不喜欢打电话的小刘很长一段时间没和对方主动联系，某日，当小刘的宝宝生病急需住院，她想要找老同学开后门留个床位时，一拨电话才发现对方早已经换号了！

曾经关系网中的一员，很可能因为你的长久不联系而在不知不觉中早已离开了你的人脉圈。

那么，怎样才能保持自己的人脉圈呢？当代社会经营人脉的方法如图2-4所示。

1	常用工具	电话、手机
2	网络工具	电子邮件、人人网、博客等
3	即时通信工具	QQ、MSN、UC等
4	流行工具	微博

图2-4 维系人脉关系的工具

古时候的人们，即便天各一方也能靠鸿雁传书保持人脉关系。在通信如此发达的今天，若是因为懒惰而丢失了已经建立起来的人脉，那绝对是不可原谅的错误！

自我测试：你了解自己的职场定位吗？
Self Test

所谓"知己知彼，百战不殆"，这句话不仅适用于战场，也适用于职场。

要想打造职场好人脉，首先我们需要找到自己的职场工作定位，了解自己的人际沟通能力水平，这样才能在最适合自己的岗位上散发魅力，获得赞许，获得人缘。

我们先来看看你是否了解自己的职场定位吧。

LEARN MORE

■你适合在团队中担当什么角色

据剑桥大学Dr.Meredith Belbin分析，每个人在团队中都会扮演不同的角色。来测试一下为自己打个分吧，看看你适合在团队中担当什么角色，找到适合自己的定位，才能有针对性地发展。

【测试试题】

下面有7道测试题目，每道题10分，请把这10分按照最能描述你的行为的方式，分配到1～8个句子之间，在极端情况下，你可以把十分全部分配给一个句子，当然，很可能某几个句子的得分是零。

注意：必须用正整数进行分配。

【测试试题】

一、我认为我所能贡献给团队的是：

1．我能够迅速看到并且利用机会；

2．我非常善于同各种类型的人一起工作；

3．我认为我经常会有新的主意提供给团队；

4．我的能力在于，不管什么时候，只要我觉得谁具备一定价值，我就能说服他为团队做贡献；

5．我认为我善于跟进和落实项目的具体工作；

6．如果最终能有好的结果，我准备接受暂时的孤立；

7．我经常能感觉出来什么是现实的和可行的；

8．我善于在不带偏见的情况下，提出新的替代方案。

二、如果我在团队合作方面有什么缺陷的话，我认为可能是：

1．开会时，如果会议没有完整的结构，进程没有严密的控制，我会感到不安；

2．对那些持有正确看法，却没有受到适当对待的人，我往往过于宽厚；

3．每当团队讨论新想法时，我往往说得太多；

4．我对目标的看法阻碍我满怀热情地与同事们相处；

5．人们有时会认为我比较强制和专断；

6．我发现自己不习惯做领导者，可能是因为自己太在意团队气氛了；

7．我太容易被各种主意所吸引，却忘记了眼下应该做什么；

8．同事们认为我没有必要那么担心细节，也不必那么担心事情会出错。

三、在与别人合作，共同完成一个项目时：

1．我的态度会影响别人，不需要动用压力；

2．对细节的关注使我避免粗心和疏忽；

3．需要时，我会敦促人们采取行动，确保会议没有浪费；

4．人们指望我贡献创意；

5．我随时准备支持对大家都有好处的建议；

6．我总是热切寻找新的思想和新发展；

7．我相信自己的判断力有助于我做出正确的决策；

8．我可以不负众望，确保所有必需的工作都得到精心组织。

四、在对待团队工作方面，我的特点是：

1．我真诚地渴望深入了解同事们；

2．我不怕挑战其他人的观点，也不怕成为少数派；

3．我经常能找出一大串论点来拒绝没有道理的建议；

4．我认为我可以让计划很好的落实；

5．我有一个倾向：避免一清二楚的东西，追求未知；

6．对待任何我承担的工作，我都抱着追求完美的态度；

7．我乐于动用团队以外的关系；

8．一方面我对所有主意都有兴趣，另一方面，在必须下决心时我绝不犹豫。

五、我在工作中的满足感来自：

1．我能很好地分析情况，然后权衡所有可能的选择；

2．找出解决问题的方法；

3．我喜欢看到自己正在工作中培植起来的良好的人际关系；

4．我可以影响领导的决策；

5．我能结识能够提供新东西的人；

6．我能让人们同意我的想法；

7．看到工作在我手中最后完成；

8．我所做的工作能挑战想象力。

六、如果突然接受一个困难的任务，时间紧张，人员又不熟悉，这时：

1．我想缩到角落里先想出一个走出僵局的思路，然后再制定行动方案；

2．我很乐意与那个能够指导我的人合作；

3．通过确定不同的人最适合做什么，我能够想办法把任务化小；

4．我的紧迫感将确保我们不延误工期；

5．我相信自己应该保持冷静，发挥自己敏锐的思考能力；

6．即使在压力面前我也坚持明确的目的性；

7．如果我觉得团队没有进展，我愿意积极担当领导；

8．我会建议团队展开讨论，激发新的想法，推动事情开始启动。

七、在遇到问题时：

1．对那些阻碍进展的人，我容易表现出不耐烦的态度；

2．其他人可能会批评我分析得太多，缺少直觉；

3．我依然认为应该有条不紊；

4．我很容易厌倦，常常依靠团队成员激发我的热情；

5．我如果觉得目标不清楚，便很难开始工作；

6．有时侯我很难把复杂的问题对其他人解释清楚；

7．别人会向我求助一些我自己也不会做的事情；

8．当我遇到强烈的反对时，我不太愿意表达自己的看法。

【计分标准】

请把每道题中各句分数分别填入。每行代表题号，然后按照列的方向汇总分数。

	实干者	协调者	推进者	创新者	信息者	监控者	凝聚者	完善者
一	7	4	6	3	1	8	2	5
二	1	2	5	7	3.	4	6	8
三	8	1	3	4	6	7	5	2
四	4	8	2	1	7	3		
五	2	6	4	8	5	1	3	7
六	6	3	7	1	8	5	2	4
七	5	7	1	6	4	2	8	3
总分								

【结果分析】

14分：满分，你在这方面特别出众。

10分以上：你在这方面很优秀，应当发展你的特长。

5分以下：这方面是你不擅长的事情。

实干者：保守、顺从、务实可靠、计划性强；有组织能力、实践经验、自我约束力；工作勤奋，相信一分耕耘一分收获。但是，缺乏灵活性，对没有把握的主意不感兴趣，变革时易感到紧张。

协调者：沉着、自信，有抑制力和领导才能。对各种有价值的意见不带偏见地兼容并蓄，有时可以解决公司内部难题。但容易骄傲，在智能及创造力方面的能力比较寻常。

推进者：思维敏捷，开朗，具有探索精神，有干劲，随时准备向传统和低效率挑战。但爱冲动、易急躁，需避免争端并注意做事的准确性。

创新者：团队思想、建议和方案的来源，如果团队遇到障碍，他也是最可能寻求全新方案的成员。他更关注重大基本性问题，但是会忽视细节，犯粗心大意的毛病。有的时候还会高高在上，与群体远离。

信息者：性格外向、热情，热衷社交、消息灵通。他是团队中办外交、找信息的成员。但是，容易喜新厌旧、注意力分散。

监控者：理智、谨慎、冷静的决策者，判断力强、分辨力强、讲求实际、善于权衡利弊，但是比较挑剔，缺乏鼓动力和激发他人的能力。

凝聚者：擅长人际交往，温和、敏感，能理解团队中每个个体的情绪和需要，并能牺牲自己照顾他人，有适应周围环境及人的能力，能促进团队的合作。但是，也可能优柔寡断，过多考虑人际关系的影响。

完善者：精益求精的完美主义者，有紧迫感，追求卓越、注意细节，十分在意期限和完成日程表，并且常常要求别人和他一样将工作做到完美。这种人容易拘泥于细节，累而不够洒脱，过于注重小事会给别人也带来压力。

■你的人际沟通能力多少分?

刚刚踏入职场的新人,你的人际沟通能力合格吗?你知道自己是否有能力打造人脉网络吗?来测试一下为自己打个分吧,看看你有哪些不足,针对性地去查缺补漏。

【测试试题】

1. 你要说明自己的重要观点,别人却不想听你说时,你会:

A. 马上气愤地走开

B. 不说了,但可能心里会很生气

C. 等等看还有没有说的机会

D. 仔细分析对方不想听的原因,找机会换方式去说

2. 去参加老同学的婚礼回来,你很高兴,而你的朋友对婚礼的情况很感兴趣,这时你会告诉她(他):

A. 详细述说你从进门到离开时所看到和感觉到的相关细节

B. 说些自己认为重要的

C. 朋友问什么就答什么

D. 感觉很累了,没什么好说的

3. 你正在主持一个重要的会议,而你的一个下属却在玩手机,并有声音干扰到会议现场,这时你会:

A. 幽默地劝告下属不要玩手机

B. 严厉地叫下属不要玩手机

C. 装着没看见,任其自由

D. 给那位下属难堪,让其下不了台

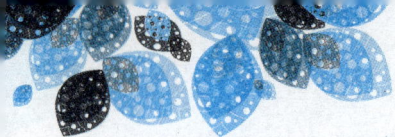

4. 你正在跟老板汇报工作，你的助理急匆匆跑过来说有一个重要客户打来长途电话要你去接，这时你会：

A. 让助理转告客户你在开会，稍后再回电话过去

B. 向老板请示后，去接电话

C. 让助理告诉客户你不在，并问对方有什么事

D. 不向老板请示，直接跑去接电话

5. 去与一个重要的客人见面，你会：

A. 像平时一样随便穿着

B. 只要穿得不太糟就可以了

C. 换一件自己认为很合适的衣服

D. 精心打扮一下

6. 你的一位下属已经连续两天下午请了事假，第三天快到午休时，他又拿着请假条过来说下午要请事假，这时你会：

A. 详细询问对方因何要请假，视原因而定

B. 告诉他今天下午有一个重要的会议，不能请假

C. 你很生气，什么都没说就批准了他的请假

D. 你很生气，不理会他，也不批假

7. 你刚应聘到一家公司就任部门经理，上班不久，你了解到原先职位出现空缺时公司中有几个同事想就任，老板不同意，才招了你。对这几位同事你会：

A. 主动认识他们，了解他们的长处，争取和他们成为朋友

B. 不理会这个问题，努力做好自己的工作

C．暗中打听他们，了解他们是否具有与你进行竞争的实力

D．暗中打听他们，并找机会为难他们

8．与不同身份的人讲话，你会：

A．对身份低的人，你总是漫不经心地说话

B．对身份高的人说话，你总是有点紧张

C．在不同的场合，你会用不同的态度与之讲话

D．不管是什么场合，你都是一样的态度与之讲话

9．你在听别人讲话时，总是会：

A．对别人的讲话表示兴趣，记住其所讲的要点

B．请对方说出问题的重点

C．当对方老是讲些没必要的话时，你会立即打断他

D．当对方不知所云时，你就很烦躁，去想或做别的事

10．在与人沟通前，你认为比较重要的是应该了解对方的：

A．经济状况、社会地位　　　B．个人修养、能力水平

C．个人习惯、家庭背景　　　D．价值观念、心理特征

【计分标准】

题号为1、5、8、10的，选A得1分、B得2分、C得3分、D得4分；其余题号选A得4分、B得3分、C得2分、D得1分；将10道测验题的得分加起来就是总分。

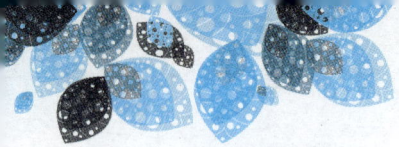

【结果分析】

分数为0～20分

这是个相当糟糕的分数，需要引起注意哦！

你可能不善于表达自己的思想或情感，或在表达时方法不当，因此，很容易被人误解。用不合适的方法表达情绪、处理事情，可能会使原本能顺利解决的问题遇到阻碍，甚至使事情的发展越来越糟糕。因此，处于这个分数段的你，需要学会控制情绪、改掉不良习惯，找到与人相处的正确方法，这样才能获得他人的理解和支持。

分数为21～30分

这是一个中规中矩的分数，不好也不坏，你还需要进一步努力才能成功哦！

你要懂得控制自己的情绪，能使用必要的社交礼仪，并且能够尊重理解他人，这些技能可以帮助你在与人沟通时达到不错的效果。但是，在处理事情时，缺乏主动性是你最大的问题。你有时不会主动与人沟通，缺乏积极的动力，偶尔又会因为缺乏高超的沟通技巧而不能达到目的。因此，你需要继续努力才能获得成功。

分数为31～40分

恭喜你，这分数很不错！

你善于控制情绪，稳重而成熟，并且拥有高超的沟通技巧和人际交往能力，能够不动声色地表达自己的思想，并能潜移默化地使对方接受你的想法。只要能找到自己工作中的不足，并努力提升自己，一定能取得非凡的成绩。

通关宝典：怎样打造好人脉
Best Solution

　　是否拥有好的人脉决定了你工作时能否找到帮手；下班时能否有人一同闲聊；跳槽时能否有人介绍工作；创业时能否有人帮忙牵线搭桥……

　　那么，我们怎样才能在初入职场时找到打造人脉的方法？

　　怎样才能寻找到职场贵人？怎样才能拓展延伸人脉关系？

　　如果你不知道，通关宝典将告诉你。

LEARN MORE

■快速融入团队的4个要点

　　新人进入职场的第一步就是要快速融入团队，为打造自己的人脉圈奠定基础。

案例讲述

　　小静是个性格内向的姑娘，初入职场的她很是茫然无措。面对同事，她不知道该怎样称呼，看看别人嬉笑玩闹，她不知道自己应该如何加入其中。

　　半个月之后，公司还有不少人根本就不认识小静，小静也几乎不和别人交流，不能融入集体，以至于她根本无法正常地进行工作。

　　那么，职场新人应当怎样快速地融入团队呢？下面总结几个要点供大家参考。

1. 改变自我，适应环境

　　性格内向甚至孤僻的人，在职场中要学会改变自己，适应环境，要鼓足勇气，积极热情地面对同事。因为在工作中大家都不得不与人打交道，孤僻会导致工作效率降低，甚至被人排挤。

我们应当尝试主动与人交谈、说笑，例如谈论时下最流行的电视剧、电子产品等，找到轻松并有趣的话题与人聊一聊，就能瞬间拉近双方的距离。

2. 助人者等于自助

打消"职场等于冷漠战场"这种想法，带着亲切的笑容，礼貌客气地面对同事。当别人需要帮助时，你若力所能及，就请不要吝啬，伸出援助之手。

懂礼貌、善助人的人最容易融入团队。一个好汉十个帮，当日你为别人付出，行了方便，某日当你需要支持时，总会有人记得你曾经的好。

> 助人也得有选择性。帮人并不是无原则地承担别人的工作，不是自己任务还没完成时就去乐于助人，也不是一味地去帮助不知回报的自私鬼。

3. 享受团队成功的喜悦

融入团队最快、最好的办法，就是投入其中，和团队成员一起拼搏、一起欢笑。

在职场中，要学会和同仁找到一个共同的目标，并分工协作。当团队成员在这份工作中一起承受压力、付出努力，最终获得成功果实时，常常会一起欢呼，击掌传递喜悦的情绪与惺惺相惜的情感。

如果你从始至终都参与了这份工作，并且和"战友"们一起欢呼，稍后你就会发现，你与这圈人之间的关系会拉近许多。

所以，当有人拉你"入伙"时，千万别冷漠处之。

4. 不刻意、多赞美

职场中人，没有谁是傻子，那种媚上欺下、溜须拍马的事情要少做甚至不做。

比刻意讨好别人更重要的是，学会用赞赏的眼光看待人和事，对别人的要求低一点，多赞美他人。然后好好完成自己的工作，不刻意请客、搞人际关系，在日常工作中自然而然地与人交好，反而能维系一种自然轻松的状态，不会让人觉得你势利而对你产生厌恶。

> 能够摒弃个人英雄主义，以团队为重的人在职场中最受欢迎。融入团队可以使你减轻自己的压力，在不知不觉中调节与其他同事的关系。

■拓展延伸人脉关系的6个技巧

初入职场的年轻人，除了同学、同事之外，似乎没什么人脉关系，那么，我们想要扩展公司、单位以外的人脉，该怎样做呢？下面就介绍常见的延伸人脉关系的技巧，如图2-5和图2-6所示。

> **参加社会社团**
>
> 参加社会公益组织、摄影爱好协会、驴友团、棋友俱乐部等社会团体，可以消除他人的戒心，自然而然地与他人建立起友好互动的关系，拓展人脉网络。

> **发展熟人的熟人**
>
> 人是生活在社会中的人，或多或少都有一些社会关系，或许你没能直接认识什么人，但你的朋友却认识他。列出需要的人脉对象领域，然后经由熟人介绍，你很可能就会如愿以偿地认识人脉目标，再进一步与之联络，他就能成为你的人脉。

通过网络交好友

小小的网络突破了时间和地域的限制，拥有无限的发展空间。人们可以通过博客、微博、网店等各种方式与人交流，拓展自己的人脉资源。

图2-5　延伸人脉关系的技巧（一）

放人情债

这市上最难还的债是人情债，适时地给人雪中送炭，通过赞美与助人拓展你的人脉，有朝一日总会有人还你鲜花。

主动拉关系

找到机会与关键人接触，在与陌生人接触时，要懂得探听他的虚实，判断他是否值得长期交往。要学会找到双方的共同点，比如共同的爱好、曾经一起参加过什么活动、是不是老乡或校友等。拉近了关系再进一步保持联络，他就能成为你的人脉。

大数法则

观察的数量越大，预期损失率结果越稳定，即结识的人数越多，预期成为朋友的人数占所结识总人数的比例越稳定。所以，我们需要找到一切机会结识更多的人，广泛收集信息、广结人缘。

图2-6　延伸人脉关系的技巧（二）

第3章
从坚持学习习惯起步

　　俗话说，活到老学到老，进入职场并不是你学习生涯的结束，我们需要学着适应工作环境，学习更强的工作技能，学着进一步提升自己的能力，学着一步步晋职。

　　职场甚至是另一个"学习战场"，比学生时代更残酷。因为，念书时考不好还有机会补救，工作时学不好则会被社会淘汰。

　　想在职场中顺利生存，应当从坚持学习习惯起步。

　　那么，我们具体应当怎样操作呢？请往下看吧！

隐藏陷阱：学习中的坏习惯
Hidden Trap

在进入职场后，你还在学习吗？

哪怕前途黯淡，你有没有坚持不懈地努力着？

在职场拼搏、学习的过程中你有没有因为一些坏习惯，导致半途而废？

来看看学习中有哪些陷阱吧，然后回避它、改正它！

LEARN MORE

出了校门丢书本，没人Push不学习

某些职场新人，出了校门就丢了书本，没人推动就再也不肯学习了，其实这是一种不好的状态。

职场中很少有人会真心地为别人着想、推动同事学习，学不学是你的事情，成不成功自然也是你自己的事情。所谓长江后浪推前浪，不在专业技能上下工夫，首先，这样可能根本无法应付工作，其次，这样的人迟早会被职场淘汰。

案例讲述

小西大学一毕业，就把课本、专业书以及平时搜集的资料当废品卖了，然后就等着找工作进单位。

进入广告公司之后，小西工作也算努力，可就是不知道工作了也需要学习这回事。他一直闷头苦干，工作效果却总是不能令上司满意。

直到有一天，经理直接给了他一叠优秀房产广告设计获奖作品图集，让他仔细看，学着做。小西这才恍然醒悟，原来，工作了也是需要学习的啊！

有的人会问，我学什么啊？工作了还有什么要学的？！

很简单，工作中你不会什么学什么，觉得哪样能帮助自己多赚钱就去学哪样，或者看着别人比你强、比你效率高就跟着对方学。一点一滴地观察着，摸索着，你就能渐渐成长。

■下班回家几件事，不是网游就网购

一提到学习，有人会说：没时间啊！上班多忙，下班了多累，想休息就没时间学东西了。

有这么一种说法，一个人是平庸一辈子还是出人头地，关键在于他是如何利用下班后的时间的。当你觉得自己没时间学习时，想想这句话，说不定就有动力了。

案例讲述

会计小娟在一个普通的小公司工作，只拥有初级会计资格，她听说中级会计能跳槽到好公司，薪水能翻倍，很是心动。于是，她到一个会计培训学校报了名学习、考试。

两个月之后，临近考试时我问小娟复习得怎么样了，她却苦着脸表示自己除了周末去听课，几乎没怎么看书。我有些惊讶地问："晚上干嘛去了啊？怎么就没时间看书呢？"

小娟想了一会儿回答："也没做什么啊，就是刷论坛网页、看看小说、打打游戏、偶尔在淘宝网购东西之类的。莫名其妙地时间就用光了。"

结果可想而知，在网上浪费了很多时间的小娟，没能通过中级会计考试，跳槽换好工作的梦想也泡汤了。

> 时间就像湿润的海绵，挤一挤里面就能出水，至于能出多少水，就看你挤的力道如何了。

话说回来了，怎样才能克制住自己不断刷网页看论坛、玩游戏、看电视甚至就是无所事事在网上闲逛的欲望呢？参考办法如图3-1所示。

方法1 喜欢上网的人遇到必须要学习的紧急事件，那就果断地断网吧，比如，可以把网线拔了扔窗户外面去，等事情办完了再想方设法把它弄回来。

方法2 不要说"明天"这个词，想要学习就立即行动，从今天开始，从一点一滴做起，哪怕一天看半页书记一个单词，那也是学习啊！总比嘴里念叨着要学习，结果却一直没行动的强！

方法3 所谓近朱者赤，近墨者黑，当你想学习的时候，就远离那些会吆喝着喊你一起去打牌、网游、K歌的朋友吧。和爱学习的人混在一起，哪怕你自己不喜欢，或多或少还是能吸收点知识的。

方法4 当你打定主意要学习之后，首先要找出学什么对自己有帮助，然后从身边找出一个值得学习的人，以他为榜样去拼搏，去缩小你们之间的差距。大部分普通人都是有刺激才有动力，榜样的力量不可少。

图3-1 逼迫自己学习的方法

■书到用时方恨少，临时慌忙抱佛脚

英语、计算机、办公软件……这些你都会吗？熟练吗？有的人直到工作了才深感自己掌握的技术太少了。

面试时不会做题被拒、工作时不会处理问题被同事背地里嗤笑、关键问题说错了话被客户鄙视然后抛弃……这些悲惨的故事似乎时刻都在上演，其中的主演有没有你呢？

案例讲述

商贸专业毕业的小姜懵懵懂懂地念完了大学，专业知识学了就忘了，没记住多少。当她去一家外贸企业面试时，几乎全是靠用手机联络同学的作弊方式才做好了笔试题，然后临时抱佛脚突击了几天专业知识就正式进入了实习期。

在工作中，因为外贸业务多，所以处理公务文件时几乎是全英文办公，还得经常和外国人用英语交流。几乎把外语知识都还给老师的小姜，简直郁闷得想撞墙，接近年底，她最怕的就是被辞退。

她打定主意以后一定要好好努力，天天学习，只是不知道老板肯不肯给她这样的机会。

有一句话，叫做"汝果欲学诗，功夫在诗外"，这是宋朝诗人陆游向儿子传授写诗技巧时写的诗。他认为，自己初做诗时只知在辞藻、技巧、形式上下工夫，之后才逐渐明白这种做法并不正确，诗应该注重内容、意境，应反映群众的要求和喜怒哀乐。

其实，这个道理也可以用在我们的工作中，明面上知道的东西不一定就足够管用，工夫要下在别人看不到的地方，才能使自己真正地成长、成才。

所谓学海无涯，除了要掌握专业技能还得学习交际、学习为人处事，或许今天的问题解决了，明天又会发生别的紧急事情。为了不让自己有临时抱佛脚的焦急抱怨，从现在起，就好好学习吧。

■ 几年差距就凸显，全因平时缺积累

有没有人很讨厌参加同学会？因为同学会是个拼比场，拼房子、拼车子、拼成就，甚至拼老婆和孩子。

同一个学校毕业，学的是相同的东西，为什么几年之后会逐渐拉开差距？为什么有的人逆流而上，有的人却顺水漂流越混越糟糕？

案例讲述

大学毕业两年多，说长也不长，小曾参加了一次同学会，看看当初学习不如人、家境不如人的同学现在有车有房，日子过得多姿多彩，而自己却庸庸碌碌、一事无成，感觉很"杯具"。

有人羡慕嫉妒恨地说这同学混得好是因为他有个好爸爸，可事实上，小曾知道对方工作非常卖力，甚至周末小曾在书城买小说时都见过对方在挑选专业书籍。

几年的积累，自然使对方工作状况扶摇直上，渐渐超越了身边的同龄人。

这世上很少有天上掉馅饼的好事，要想有收获必须得有付出。少做一点白日梦，花几年时间好好努力，或多或少都会有回报的。只有不断的积累，才能使你在职场中游刃有余的工作、晋职。

> 买彩票又没中！唉，我还是老老实实地工作去吧。

所谓"万丈高楼平地起"，我们需要像搭积木玩具似的，一点一滴地积累时间，用堆积的时间学习知识，然后聚少成多地将所学的内容结合在一起，这样才能有所进步。

自我测试：了解自己的学习能力
Self Test

在这个信息知识爆棚、科学技术日新月异的时代，为了不使自己出校门就被淘汰，为了不让自己在工作中落伍、被人超越，我们需要具备自主学习的能力。时刻学习着才能保证时刻进步着。

在了解正确的学习方法之前，先来看看你的学习状况是怎样的吧。

LEARN MORE

■ 了解自己的能力，找到学习的目标

要想在工作中进一步学习提高，我们首先需要了解自己的长处是什么，还欠缺的能力是什么。

【测试试题】

列一张单，逐一回答下列问题，了解自己所欠缺的能力以及今后的努力方向。

（1）我最擅长做什么？

（2）我最突出的能力有哪些？

（3）目前工作最急需的能力是什么？

（4）对比工作急需的能力我最欠缺的能力是什么？

（5）我应该如何提升这些欠缺的能力？

找到自己的弱点之后，可以主动虚心求教，还可以默默地观察同事、上司等人，向他们学习。其实，每个人都有值得别人学习的地方，只要你善于发现，怀着平和不嫉妒的心去仔细观察，分析对方为什么比你更优秀，更适应职场，这样你就会不断进步了。

■你的快速阅读能力如何？

一般人的阅读速度为每分钟200~500字，而掌握"速读"技巧的人能以每分钟2000~5000字的速度阅读书籍和资料，熟练者则可达到每分钟10000字的速度。计时阅读以下文章，测试你的阅读速度。

【测试试题第一部分】

她的眼睛被房地产广告上的一行字吸引住了——"幽静的凉台"。她一直向往着有一个凉台。她这会儿把广告从头至尾读了一遍，听上去真不错！她心想。这对我们来说太理想了！她抬起头，看到丈夫乔的神色倦怠，萨拉心中一阵触痛。

她把目光从他身上移开，环视着这间宽大的起居室。这座老式房屋中的所有房间都很宽敞，也就是这一点，还有那间巨大而不实用的厨房，常常成为她和乔之间争执的话题。他喜欢它，但她不喜欢，因为没有帮手要管理这么大个家的确是件操心费力的苦差事，每逢谈及搬家，他就会把它称做"妙不可言的老房子"，而她则称它为"旧仓库"。

她重新研究着广告词"情愿牺牲"，这意味着是桩好买卖。如果那房子像广告上说的那样而且价格公道的话，乔看了或许会……她被突如其来的兴奋攫住了。

第二天在房地产办公室里，办事麻利的西姆斯太太向她道歉说："这条广告被搞错了，它本应该下星期才刊登出来，但我可以带你去看看别的房子。"

在后来的一个小时里，萨拉情绪低落。在另一个新区，她看了3幢由设计师构思布局的摩登之家。房子还算漂亮，可房间似乎太矮了。在一间被称之为"大师卧房"的屋子，她不由得感叹道："他真是一个矮子大师。"

在开车前往另一处新住宅区之后，萨拉更泄气了。一幢幢的房屋紧挨在一起，前面一棵树佝偻着身子，房间低矮的天花板给她一种强烈的压迫感。

见到她离去时的沮丧表情，西姆斯太太突然说："我可以带你去看看你感兴趣的那座房子，不过，只能在外面看。"当她们驱车向城市另一方驶去时，她陷入了沉思，直到车开上一条宽宽的林荫路时，她才回过神来。

车靠近路边，她坐直了身子望着这座漂亮的红砖小楼，它前面是一大片草坪和两株悦人的古树。一股说不出的滋味涌上心头。车开走了，她茫然若失地站在人行道上，然后迈步踏上了门前长长的甬道，拿出钥匙，打开房门，静静地站着，环视着四周，听着从后院传来的孩子们欢快的笑声。

一种新奇之感悄悄地袭遍全身。还是老房子高大、宽敞、空气畅通！她看到宽大的门厅，雅致的楼梯，起居室里可爱的窗户——从中望去，树影婆娑、枝叶依依的景色映入眼帘。一切似乎都是以前没有见过的。

"安谧而迷人。"她想着广告上的词儿，心里好像被什么触动了。晚上乔回到家，她给了他一个吻："我今天干了件荒唐事，我去应征出售自己房子的广告了。"

他默默地凝视着她，然后脱口说道："那应该在下星期你生日那天登出来！我知道你十分讨厌这个旧仓库。"

"它不是旧仓库！"她扬起眉，"告诉我，咱们的凉台在哪儿？你是说那个小木头平台？那篇广告一定费了你很多心思。"

"情愿牺牲。"她想起来了。她被深深地震撼了，多美啊，这言简意赅的话似乎很奇妙，将他俩包溶在一片温馨的爱情之中。

【测试试题第二部分】

记录您阅读这篇文章（1087字）花费的时间，然后进入"答题测试"。

1．萨拉后来发现旧屋有什么优点？

A．高大、宽敞、空气通畅　　　　B．高大、明亮、空气通畅

C．明亮、宽敞、豪华　　　　　　D．舒适、宽敞、空气通畅

2．一间被称为"大师卧房"的屋子给萨拉怎样的印象呢？

A．太花哨　　　B．太小　　　C．太矮　　　D．太大

3．萨拉为什么不喜欢这所旧屋？因为：

A．没有帮手来管理这么大的房子

B．房子不漂亮

C．孩子在屋内乱跑、不易找到

D．房子太大，晚上很恐怖

4．丈夫所登出的广告中那句"情愿牺牲"有什么含义？

A．宁愿亏本，也要卖出房子

B．就算要付出生命的代价，也要卖出房子

C．他并不在乎旧屋能卖多少钱，只要妻子能高兴

D．房子将以低价出售

5．广告上"幽静的凉台"实际是指：

A．一个豪华的凉台　　　　　　B．一个窄小的凉台

C．一个可以看到草坪的凉台　　D．一个小木头平台

6．那则广告本应具体什么时候被登出？

A．三天之后　　　　　　　B．明天

C．下星期　　　　　　　　D．萨拉生日那天

7．萨拉一下子被一则房地产广告吸引了，原因是：

A．8个宽敞的房间　　　　B．幽静的凉台

C．两间浴室　　　　　　　D．草坪

8．萨拉对丈夫说她干了怎样一件荒唐事？

A．应征出售自己房子的广告　　B．出售自己的房子

C．出租自己的房子　　　　D．买回一栋新房子

9．在这间旧屋里，常常成为萨拉和乔之间争执的话题的是：

A．厨房　　　B．凉台　　　C．卧室　　　D．客厅

10．萨拉把她现在拥有的房子称作什么？

A．妙不可言的老房子　　　B．旧仓库

C．老房子　　　　　　　　D．旧屋

【参考答案】

1．A；　2．C；　3．A；　4．C；　5．D；　6．D；　7．B；
8．A；　9．A；　10．B

【结果分析】

只有正确率在70％以上的阅读速度，才能被采纳为计算平均阅读速度的基准。

一般从事办公室工作的职业人士要求的快速阅读能力在每分钟800字左右，而公务员的速读能力要求在每分钟1000字左右。

你，合格了吗？

> **通关宝典：快速学习有妙方**
> Best Solution
>
> 　　子曰："学而时习之，不亦说乎。" 在学习过程中不断地实践和锻炼提升所学习得到的成果，是一件快乐的事情。而我们不仅要学，还需要快速地学。
> 　　你知道正确的学习途经吗？
>
> LEARN MORE

■量身定制学习计划的6个妙方

　　学习不能盲目，太过散漫的学习不会有太好的学习效果，我们需要根据自身情况量身定制学习计划，下面提供几个妙方以示参考，如图3-2和图3-3所示。

学习妙方1
　　认清自己的能力，全面地进行分析，明确地找出能力上的长处和短处，以便规划自己学习、奋斗、发展的方向。所谓知己知彼，百战不殆，只有了解自己，才能在学习中最大程度地发挥才能。

学习妙方2
　　确定目标之后需要制订学习计划。例如规定在什么时候采取什么方法步骤达到怎样的学习目标。我们需确定远期目标、中期目标和近期目标。落实每天、每周的具体安排，一步步地由小目标走向大目标。

学习妙方3
　　养成良好的学习习惯后，我们需要找到学习重点，逐个击破地去学习，而不是平均使用力量。不是人人都可以雄心勃勃地齐头并进的，这样做很可能导致一段时间后所有的学习项目都一事无成。例如，我们需要找到薄弱环节进行突击，或者寻找最急需、最"值钱"的技能进行学习，而放弃一些短期内可有可无的项目。

图3-2　量身定制学习计划（一）

学习妙方4

安排好常规学习时间和自由学习时间，首先要强迫自己完成每日的规定学习计划，再抽出空余时间自由支配，了解一些计划外的知识、技能。学东西，多多益善。

学习妙方5

需记住，效率比耗时更重要。提高学习时间的利用率，我们可以选择头脑清醒、心情愉悦、注意力集中的时间学习枯燥知识；公车、地铁上的零散时间可以随意看看关系不大的学习内容，这样可以提高时间的利用率，提高工作效率。

学习妙方6

制订计划后需按照计划进行学习，随意打乱计划那一切都白搭。为了防止出现意外情况使计划落空，我们需要对计划的实行情况定期检查。例如检查计划中的学习任务是否完成、是否基本按计划去做、学习效果如何。不定时地总结得失，找出偏差，分析原因，然后及时调整计划或学习状态。

图3-3 量身定制学习计划（二）

■盘点有效学习的4个途径

学习，不是盲目地见到书本就开始"狂啃"，要想学而有用需要找到正确的途径。

案例讲述

小曾看看同学的工作职位节节攀升，很是羡慕，于是，他也想要好好学学，期待自己也能提高。

为什么你努力学了业绩就能提高，我怎么效果不明显？

在历经一年的报班考试、考证之后，他发现自己的工作境遇并没有改变，于是很好奇地问了同学，想要再清楚对方究竟是怎么学习的。

并不是通过书本学习才叫做学，子曰："三人行，必有我师焉。"其实，职场中，我们很多时候都需要向各种不同的人学习。

那么，有效的学习途径都有哪些呢？如图3-4所示。

向上司学习

不管上司是如何得到的该职位，既然他的职位在你之上，那就必然有其可取之处，我们要学会发现上司的优点，然后模仿、学习，提高自己，争取能够达到和他一样的境界。在不断地请教、交流过程中，上司会更了解你、关注你，甚至会给予你更多的晋职机会。

向客户学习

客户是资源的掌控者，是你需要"讨好"的甲方，在与客户的一次次沟通过程中，可以锻炼自己的观察力、口才、和对新事物的吸收能力等。此外，客户的阅历、经验可能也比你丰富，与之交流自己也能在无形中得到提高。

向对手学习

商场如战场，向你的敌人学习也是个有效的途径。找出同类竞争对手，学习对方比你做得好的地方，学习他的优势，去其糟粕，取其精华，弥补自己的短处，并且通过学习对方的优点可以更加了解竞争对手，获得自己的"胜利"。

向"资讯"学习

上网时别刷无聊的网页，看看与自己行业有关的最新资讯。及时了解最新的市场动态，快速查缺补漏，紧跟时代的潮流。在各个专业论坛看看别人的最新动态，了解自己的欠缺点，学习的同时更有利于高效地进行工作。

图3-4 盘点学习的途径

■了解杠杆学习法

给我一个支点，我就能撬动整个地球！这是应用杠杆原理的最有名的一句话。就是说，当二重物平衡时，它们离支点的距离与重量成反比。

只要能找到合适的支点，就能用较小的力气手撬起沉重的物体。

其实，在学习中，我们同样可借用杠杆原理，更轻松地完成自己的进修、提升。

1. 杠杆阅读法

杠杆阅读法其实就是要找到"杠杆中的支点"，借用"少许力气举起重物"这个概念。将这个方法用到阅读上，就能以最简单、快速的方法阅读书籍，获取知识。杠杆阅读法的要点如下：

◆不要为读书而读书，阅读的数量并非最关键的要点，快速了解知识结构、抓住重点才是关键。

◆带着问题阅读，有明确的目的才能更快地抓住关键内容。

> 书中自有黄金屋，书中自有颜如玉哟！

◆有针对性的阅读你所需的章节内容，适当的时候请做读书笔记。

◆多阅读同类型的资料，扩展视野，了解更多相关信息，不听信一家之言。

◆将最关键的知识点打印，随身携带，随时翻阅。

参考如图3-5所示的流程选书阅读，会使我们事半功倍。

明确读书目的 ▶ 选书 ▶ 划重点 ▶ 反复阅读

继续实践，习惯成自然 ◀ 查阅笔记 ◀ 进行实践

图3-5　杠杆阅读法流程

2. 杠杆时间法

除了在阅读时要找到"杠杆的支点"之外，我们还可以使用杠

杆时间法来提高工作效率。其要点如下：

◆用杠杆的原理来安排时间。掌握全局，找到要达成的预定目标，规划如何安排工作步骤，然后针对各个环节，规划出具体的时间分配表。

◆不要把"忙"字时常挂在嘴边。若你有了"忙"这个先入为主的观念，会导致惧怕接受工作任务，从思想上认为自己完不成，那样的话行动也会受限。

◆将复杂的事情简单化。从根本上改变自己的思考模式，从时间的有效利用上思考，可以提高效率。

◆将时间当做投资，尝试做一些能够反复运用时间的事情，或者有效缩短工作时间，争取额外时间。

◆不要只想着如何节约时间，而应当寻找只花一半时间就能完成工作的方法，换一种途径，或许能帮助你获得不一般的成效。

◆强迫自己在规定的时间内完成任务，有压力才有动力。

◆放弃不必要的东西，集中精力做擅长的事。

■快速记忆的5个方法

学习总离不开记忆，学了东西没记住等于是白学。那么，有什么方法能使我们快速记忆呢？这里列出几个妙招以供大家参考，如图3-6所示。

与物相联法	将需要记忆的东西和与之相关的物结合在一起，形象地进行记忆。
比喻记忆法	遇到不熟悉的事物时，联系自己原先熟悉的事物，并将之比喻为新的内容，进行记忆。

转移记忆法	想不起需记忆的内容时，将思维转移，到相关内容中去撒网似的寻找线索，以便最终回忆起所需内容。
理解记忆法	不是死记硬背知识，而是自主地归纳吸收，通过分析、理解将知识转化为熟悉的技能，这种记忆通常更牢靠。
图示记忆法	将复杂的海量知识转化为简单概要的图示，利用图表、图示等直观的画面把知识体系表现出来，纲领似的提点自己关键知识点，以便更快速地进行记忆。

图3-6 快速记忆的方法

树立起自己记忆优良的信心，然后用强烈的愿望来刺激或者激励自己，这样也可以提高记忆力。

■职场人需养成的学习习惯

即便是离开了学校，养成良好的学习习惯也很重要，这是帮助我们在职场立足甚至晋职的根本条件。其内容如下：

◆不停地学习，不断修正现有的知识、能力，永不言败。

◆立即行动，从小事做起，学习吸收一切有用的东西。

◆别目高于顶，学会学习每一个人的长处。

◆找准目标，分类学习，逐个击破。

◆快速总结经验教训，学会安慰自己，遇到困难时，首先考虑如何解决它，而非逃避。

◆一年之计在于春，一日之计在于晨，将最宝贵的时间用在学习上，别浪费在无用之处。

职场工具箱
Workplace Toolbox

前面，我们讲了职场中学习的重要性。那么除了一些常规的学习之外，究竟有什么是职场新人必须掌握的技能呢？我们首先需要懂得什么才能真正踏入职场，游弋于职场呢？下面就为大家提供一些职场必备的知识和技能介绍。

■职场含金量高的8个证书

有一些人力资源主管认为证书的含金量有限，一个人的可塑性以及实际操作能力远远比薄薄的一本证书更重要。

但不可否认的是，新入职场者在没有绝对傲视群雄的实力之前，证书就是他们的敲门砖，拥有含金量高的证书的人，通常都更容易找到满意的工作。

案例讲述

小丽进入职场后，总有人问她有没有这样那样的证书，一些培训公司也纷纷鼓吹着在他们那里可以培训考证。

小丽想要学点什么，又不知道究竟什么证书才是最管用的，为了不花冤枉钱，也为了给自己真正地镀金，她觉得自己需要仔细研究职场含金量最高的证书究竟是什么。

要想从琳琅满目的各种证书中选出最适合的，含金量高的证

书，首先我们需要将其分为3类，分别了解一下怎样的证书才是自己需要的，如图3-7所示。

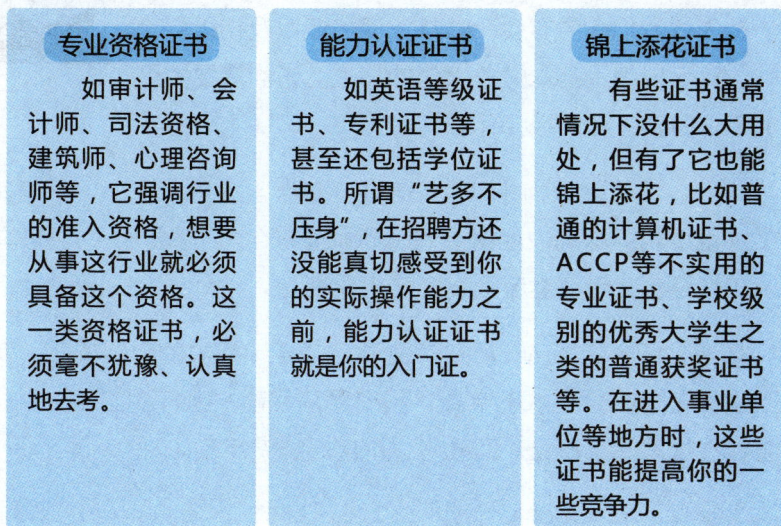

专业资格证书	能力认证证书	锦上添花证书
如审计师、会计师、司法资格、建筑师、心理咨询师等，它强调行业的准入资格，想要从事这行业就必须具备这个资格。这一类资格证书，必须毫不犹豫、认真地去考。	如英语等级证书、专利证书等，甚至还包括学位证书。所谓"艺多不压身"，在招聘方还没能真切感受到你的实际操作能力之前，能力认证证书就是你的入门证。	有些证书通常情况下没什么大用处，但有了它也能锦上添花，比如普通的计算机证书、ACCP等不实用的专业证书、学校级别的优秀大学生之类的普通获奖证书等。在进入事业单位等地方时，这些证书能提高你的一些竞争力。

图3-7 证书的分类

下面就来介绍含金量最高的6种证书。

1. 英语证书

大学英语四、六级证书（CET-4，CET-6）：常规需要，有了绝对比没有好。

英语专业八级证书：只有英语专业才有资格考，但有些职位要求求职者有这个证书，如翻译或者外籍主管的助理。

口译证书：含金量很高，但面试时的能力展现更重要。

剑桥商务英语证书（BEC）：能说明你的英语能力及勤劳程度。

2. 财务类证书

这是相当实用的一种证书，从事财务工作以及管理工作的人，需要具备基本的财务知识，因此，获得这类财务证书，将有助于求职、晋职。

首先，我们需要有会计师从业资格证以及初级会计职称，这可以满足基本财务工作的需求。当你需要找更好的工作时，可考中级会计职称。

此外，注册会计师（CPA）是具有相当含金量的证书，只是其考试的难度也同样高。注册金融分析师（CFA），需要相关方面3年以上工作经验，考证难度很高，费用昂贵。

特许公认会计师(ACCA)有时被誉为"会计师界的金饭碗"。英国立法许可ACCA会员从事审计、投资顾问和破产执行的工作，有资格直接在欧盟国家执业，同样考试难度高、费用贵。

3. 建筑类专业资格证书

建筑行业做得好的话，薪水挺高，但要入门却必须具有相关资格。

例如注册建筑师、结构师、注册建造师、造价师等，其中造价师证书含金量稍低，其余的都比较有前途。

4. 竞赛获奖证书

大学里或者社会上的各种竞赛若规模较大、专业性较强、在行业内较为知名，特别是国际大赛，这种获奖证书将非常受用人单位的青睐。

通过参加竞赛还能锻炼能力、赚取奖金，若有空余时间，不妨试试。

5．毕业证、学位证、第二学位

这是每个大学生都应持有的证书，和普通院校相比，名牌院校的证书更有竞争力；热门专业和冷门专业也有一定差别；此外，高学历人才往往比一般的专科生更有优势。

在某些时候，只有限定专业的人才有应聘某职位的资格。所以，大家若找准了自己的目标，可以在入大学前就努力一点，进入好学校学好专业，实在不行，也可以在毕业后考研或读进修班。

此外，多学点东西，拥有第二学位，或辅修某些专业，使自己成为复合型人才，也更容易进入心仪的公司。

6．学校证书

奖学金、三好学生、优秀毕业生、优秀学生干部、优秀党员等证书，在应聘事业单位、教师、公务员等职位时有一定作用。

> 普通的计算机证书找工作时作用不大，例如全国计算机二级证书，只在某些城市申请户口时有用。计算机技能的各种培训很多，但被企业认同的却不多，关键还是要看实际操作技能。

■职场必知工具操作法

刚入职场的你会不会手足无措？会不会紧张忐忑？除了担心处理不好人际关系之外，其实很多人是因为很少接触办公工具，不会使用，又不好意思询问他人，这才迷茫尴尬。

有些职场工具的操作方法是职场新人必知的，下面就进行简要介绍。

1 OFFICE办公软件必知操作

Office办公软件是职场中最常使用的工具。打开软件后，在其操作界面中，可看到"开始"、"输入"等几个不同的选项卡（如图3-8所示）。在各个选项卡的不同组中，可依据选项卡的不同分类，以及组的名称提示，找到所需命令进行相关的操作。

面试时若遇到操作软件问题，千万别慌张，仔细找找总能找到些提示；或者可以点击软件中的帮助按钮，快速查阅所需内容。

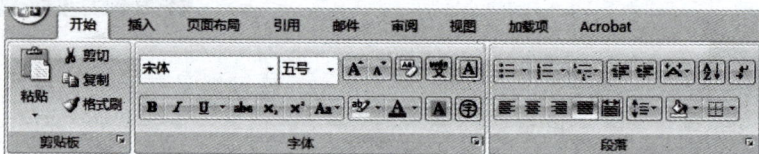

图3-8 Microsoft office Word 2007操作界面

下面再介绍一些常用方法：

Office办公软件的所有系列软件，都可使用格式刷工具复制文本内容的格式。使用Ctrl+C能复制文本，Ctrl+V能粘贴文本，Ctrl+X将剪切文本。

Word中的常用快捷键有Ctrl+D（"字体"对话框）；Ctrl+Shift+F（选择框式工具栏中的"字体"框）；Ctrl+B（加粗）； Ctrl+I（倾斜）；Ctrl+U（下划线）；Ctrl+鼠标滑轮（迅速调节显示比例大小）。

Excel中最常用的的快捷键主要有Ctrl+shift+方向键（按所指方向选取，直到非空格的所有项）；Ctrl+D（在所选范围内，复制最上一栏的公式）。

Excel中把鼠标光标放在某输入了数据的单元格的右下角，待其变成十字形后住下拉直到所需的单元格，可复制相同的数据。选择关联的两个单元格后拖动鼠标，可有序递进添加数据，例如选择1、2格后拖拽填充数据3～10格。

播放PowerPoint幻灯片时，单击鼠标右键，在弹出的菜单中选择"显示"命令可自动播放幻灯片，或者在打开文稿前将该文件的扩展名从PPT改为PPS后再双击文件也可以自动播放幻灯片。

在使用办公软件时，如果操作错误，那么只要单击左上角快速工具栏中的"撤消"按钮，即可快速恢复到操作前的状态。

2. 办公硬件必知操作

办公常用硬件包括电脑、电话、传真、打印机、复印机以及扫描仪。学会这几样，基本就可满足绝大部分的职场需求。若需要你操作的日常办公硬件不在这范围内，也不要紧，不会用很正常，放心大胆地去问资深的同事吧！

不同硬件的使用方法提示如下：

电脑：先打开外设（如打印机、扫描仪等）的电源、显示器电源，然后再开主机电源。关机顺序相反，先关闭主机电源，再关闭外设电源；插拔网线、U盘、手机等物时，不要硬性插拔，需从"我的电脑"或用鼠标右键单击电脑桌面右下角的图标，卸载硬件，当出现"安全删除硬件"提示出现后才能将其拔掉；不用电脑时退出所有程序设置成休眠状态；杀毒时一定要把杀毒软件升级到最新版本；当电脑出现问题时应报告电脑管理员，通常公司中不允许私人随意"修"电脑。

电话：想来，电话大家都会用，需注意的是，尽量别用公司的电话进行私人闲聊，特别是长途，容易被查出来哟。

传真：可以设置自动接收，也可以手动接收。发送传真时首先需把要传的文件放在纸槽内，当传真机自动把纸吸进去一点，摘机拨对方的号码。提起电话，听到"嗡"或"滴"的鸣叫声后就可以点"发送"按钮了（通常传真机上都有中文显示，如发送、传真、开始等），如拨打时对方接了电话（手动接收），可告知给对方这里需要发传真，请其给个信号，然后就可正常发送了。发送完毕后，应记得将原件拿走。

公司传真我真不会用，怎么办啊？面皮厚的直接问同事；或者看清楚型号了偷偷在网上查说明书；更胆大一点的，观察别人后直接用吧！

打印机：确认电脑系统中安装了打印机，而且可以正常打印，在软件程序里选择"打印机"或"打印"等命令后，通常会出现一个对话框，在"打印机配置"相关选项中找到公司电脑连接安装好的打印机，然后进行打印设置，例如打印页数，墨色浓淡等。设置好后，确认打印机中有打印纸，单击"打印"按钮，即可打印文件。

复印机：按下电源开关，开始预热，面板上应有指示灯显示，并出现等待信号。当预热时间达到后，会出现可以复印信号或以音频信号告知。检查纸盒、纸张设置是否正确时，根据稿台玻璃刻度板的指示及当前使用纸盒的尺寸和横竖方向放好原稿。按下数字键设定复印份数。根据原稿尺寸，放大或缩小倍率按下纸盒选取健，然后，根据原稿纸张、字迹的色调深浅，适当调节复印浓度。按复印开始键即可开始复印。

扫描仪：扫描仪的使用方法和复印机类似，关键的不同点在于扫描仪需要选择分辨率，这可根据需求，在电脑中安装的扫描程序中出现选择窗口时，自行设置。

第4章

工作日清日结有记录

进入职场，正式开始工作之后，是否能得心应手的处理职场事务，很多时候并不取决于工作的人有多能干、多聪明，而是看他是否具有良好的工作习惯，例如，工作日清日结。

日清日结法（overall every congtrol and clear），英文缩写为OEC，是指全方位地对每人、每天、每事进行清理控制，做到"日清日毕，日清日高"。这样做不仅能提高效率，还能提升工作质量。

那么，我们应当怎样操作呢？请往下看吧！

隐藏陷阱：妨碍工作绩效的大敌
Hidden Trap

在进入职场后，你的绩效水平高吗？有没有被领导说"动作慢"？

有没有觉得自己总是忙忙碌碌却看不见成绩？

有没有自己都搞不清楚某段时间究竟做了什么？

有没有拖拖拉拉，没法按时完成工作过？

来看看工作中有哪些影响效率的陷阱吧，然后回避它，改正它！

LEARN MORE

■好记性不如烂笔头，工作记录无查询

接到工作任务后，你有没有牢牢记住别人需要你干什么？在截止日期来临时你有没有实现预定目标？在忙碌的一天过去后，你是否清楚有没有工作被遗漏？

案例讲述

刚进入职场的小西，总是自恃自己有个好记性，当上司布置任务时，她每次都点点头表示知道，从来不用笔记下。

刚开始似乎一切都很顺利，可某一天，上司突然找她要某个设计图，说今天是交稿期。

小西才赫然发现，自己一直在忙别的工作，居然完全遗忘了这件事情！

类似的情形还发生了第二次，上司问小西要某样东西，可小西完全不记得曾经有过这个任务，她觉得是上司压根就忘了布置任务，却没有任何证据支撑自己的观点，只能自咽苦果，熬夜加班。

俗话说，好记性不如烂笔头，在职场中，我们要习惯将工作任务做记录，然后按照任务表一项项地去完成它，这样才能保证万无一失。常见的工作记录清单样式，如表4-1所示。

表4-1　工作清单表样式

任务下达日期	任务截止日期	任务内容	任务完成情况	责任人签字

因为篇幅有限，这里只是表格示意，实际工作中的表格应当更长，任务内容项需要预留较多的空白，大家还可以根据实际情况调整其中的项目。

■每天工作一大堆，完成几件不清楚

有些工作、任务很杂，并不是几天时间完成那么两三件事情，而是随时随地都有任务，每天都有各种事情，人很忙碌也很茫然。

因为很可能做着这件事情，下一件事又来了，一天到晚忙着，以至于下班之后不知道自己究竟干了些什么，到底完成了几件工作。

案例讲述

小云是某车行的行政人员，每天要处理很多杂事，她总是忙忙碌碌地干着手上工作，几乎没什么休息的时间。遗憾的是，忙于工作的她总是做完一件事情就将其抛在脑后。

在每季度的例会上，忙个不停的她却无法说清楚自己究竟忙了些什么，究竟每天做了多少工作。

结果可想而知，不会"表功"的小云没法向上司展示自己的工作成效，奖金自然也就比那些会展示的人低了一截。

小云独白：我怎样才能知道自己究竟干了多少工作啊？我也想统计一下啊！

对于每天都非常忙碌的人来说，若想统计自己的工作量，那上一节中提供的参考表格明显不合适，因为没那么多时间去填写那些日期和任务情况呀！

那么，这种情况下我们究竟该怎么做呢？首先，需要将自己每天都要做的常规任务分类填写在表格中，比如接电话、通知客户、打印文件、填写销售员任务表等等，然后可以用计数、画"正"字等方式统计工作情况，参考表格如表4-2所示。

表4-2　日任务清单表样式

日期	2011.10.20	2011.10.21	2011.10.22	2011.10.23
接听电话				
打印文件				
×××××				

用Excel制作这种表格可向下无限延伸，左侧表头，方便随时添加以前不曾遇到的工作项目。若是采用手写的方式，则需要预留一些空白，以便随时添加相关内容。

■工作总是拖又拖，准时准点交不成

拖沓，是现代职场人一个常见的毛病，凡事都习惯磨蹭到最后一刻才开始拼命，没压力就没动力。

甚至在有压力的情况下，也因为公司要求不严格，而拖拉工作，没法准时准点交出任务，以至于人越变越懒散。

案例讲述

陈明知道马上要交资料总结报告了，可在整理资料时，一会儿看看团购信息、一会儿又和好友聊聊天、甚至还刷刷最新新闻、微博，拖拖拉拉地耽误了不少工作时间。直到最后一刻才不得不开始加油工作。需要做的事情很多，可就是越多、越重要就越不想去做。知道必须要改变这种状况，可事到临头还会重蹈覆辙。

据心理学家分析，拖沓并不一定代表着懒惰，其实很多时候"拖沓"是"抗拒"这种潜意识态度投射到行为上的表现。

当必须做一件事，心里又不想去做时，就会产生内心冲突，导致拖沓行为。我们需要意识到这种冲突并勇敢地去面对它，这样才能用积极的态度去克服"拖沓"这种毛病。

我们还可以通过逼迫自己的方式改变"拖沓"状态，一打算拖拉时就去想严重的后果：失去重要机会、失去工作、失去奖金等。这些足以让很多懒人变得勤快。

■加班熬夜常有事，劳神又费心

有的人工作效率并不低，可就是在公司里大白天的不想工作，总喜欢拖拖拉拉地玩着，然后回家之后，熬夜完成任务，第二天去交差。

这种行为，看起来既玩了也没耽搁正事，可这样做真的行得通吗？真的能长期如此生活、工作吗？

案例讲述

广告公司的设计师小丽，总是习惯在上班时间看小说、玩QQ游戏，磨磨蹭蹭一天之后，回到家里，在夜深人静时，她却会灵感如泉涌，飞速地完成设计工作。

当然了，就算是飞速，等到工作完毕睡觉时，也是凌晨两三点了，不过这没关系，反正公司是弹性作息制度，只要把稿子方案往设计总监的邮箱一传，就可以一觉睡到日上三竿，中午才慢悠悠地去公司签到。

怎么会这样啊？天啊，黑夜，还我青春美丽的容颜啊！

这样的日子持续了一年之后，小丽突然发现，自己瘦得好骨感，不仅瘦，面色居然还暗沉发灰！还有黑眼圈，还总掉头发！

到医院检查了之后才知道，这是长期熬夜造成的恶果啊！

日夜颠倒可不是什么好习惯，劳神伤身啊！而且，谁又能保证自己每天夜里都一定有时间工作？

想要克服这种白天犯懒，夜里精神的"夜猫子"工作毛病，需要学会合理安排时间，例如，制定时间表并按照表格完成工作。这样能强迫自己调整作息规律。

自我测试：测测你的工作状态
Self Test

　　人人都会有迷糊工作、拖沓工作的时候，只是每个人的程度不一样而已。
　　你有"上班恐惧症"吗？
　　你患上了"拖沓综合症"吗？
　　在了解正确的工作方法之前，先来看看你的工作状况是怎样的吧。

LEARN MORE

■你患上"上班恐惧症"了吗？

　　这世界上并非每个人都热爱自己的工作。有的人厌烦工作，但觉得还可以忍受；而有的人却忍无可忍，不知道自己还能坚持多久。下面，就来做个测试吧，了解自己对工作的恐惧程度。

【测试试题】

请根据自己的实际情况（常见工作中），回答下列问题。

（1）担心自己衣饰的整齐及仪态的端正。

（2）感到自己的精力下降，活动减慢。

（3）自己容易烦恼和激动。

（4）感到自己难以完成任务。

（5）自己的感情容易受到伤害。

（6）感到别人不理解你、不同情你。

（7）做事必须做得很慢，才能做得比较正确。

（8）因为烦恼而避开某些东西、场合或活动。

（9）觉得别人对你的成绩没有做出恰当的评价。

（10）感到熟悉的东西变陌生了。

（11）十分孤独或远离他人。

（12）由于某人的批评而感觉不安。

（13）感到生命中最美好的时光已经一去不复返了。

（14）对其他人失去了兴趣，而且不关心他们。

（15）干任何事情的时候都不愿意被打扰。

（16）睡眠不好，不能入睡或醒得早。

（17）工作时自己的注意力不容易集中。

（18）因为头痛、颈痛和背痛而苦恼。

（19）感到人们围着自己但并不关心自己。

（20）感到自己是一个没价值的人，干什么都没意思。

【计分标准】

工作中偶尔出现得1分，时常出现得2分，经常出现得3分。

【结果分析】

24分以下：恭喜你！你是一个相当热爱工作的人，你的心理非常健康正常，并且你还是个对生活充满渴望和期盼的积极的人，请保持你的热情吧。

24～42分：你或许有点懒散，也许是近期工作不太顺利的缘故吧。需要自行调整，微笑吧，加油吧！

42分以上：说实话，你的状况不太好！可能有厌职倾向，需要特别注意。好好调整自己的工作状态，重新找回工作的热情吧！

■你患上"拖沓综合症"了吗？

一个效率糟糕的人与一个高效的人的工作效率相差可达10倍以上。之所以会有这样的结果，很大程度上是因为有的人拖沓着没提高单位时间的工作效率。

下面的测试，可以帮助你检测自己是否属于这一人群。

【测试试题】

1．最近你总是觉得很焦虑、很累：

A．有　　　　　　　　　B．没有

2．你总是在办公室坚守到最后：

A．没办法，命苦！　　　B．偶尔吧

3．在办公室上网时，一半以上时间都用来聊天、看新闻：

A．嘿嘿，好像是吧　　　B．不是啦，怎么可能

4．每天你大约接到或打出几个私人电话：

A．5个以上　　　　　　B．2~3个以内

5．电脑坏了时，你往往搭进一整天的时间去修理它：

A．对的　　　　　　　　B．不可能，我找技术部的人来

6．翻译英文资料时，突然蹦出个不认识的日本名字读音，你

会如何：

    A．不耻下问，四处找人求教

    B．在网上搜索

7．同事来找你帮忙时你总是说：

    A．没问题   B．等一下好吗

8．是否觉得自己明明干了很多事，上司却说你什么也没做：

    A．呜呜，就是啊   B．不会

9．看到身边的同事总是忙忙碌碌，你觉得：

    A．他们是真忙还是假忙   B．反正都是工作，何必着急

10．老板临时派你完成一件他个人的私事，你会：

    A．欣然前往   B．不是分内的事，找个理由推掉

11．部门开业务会议，要求每个人都要发言，你会：

    A．最后一个发言   B．抢先表达意见

12．与同事一起吃午餐，你会：

    A．看菜单很久拿不定主意   B．不看菜单，点跟往常一样的饭菜

【计分标准】

选A得3分，选B得1分。

【结果分析】

分数为27～36分

无计划浪费时间型：你的工作特点是缺乏自觉性，没人催促就不能完成任务，直到逾期了，或要受到惩罚了，才匆忙做完。

　　建议你制订工作时间表，规定各个时段应该完成什么工作，贴在显眼处，时刻提醒并督促自己执行。坚持一段时间后就能有效地缩短自己在工作中发呆、聊天、看网页的时间了。

　　分数为19～26分

　　无效率浪费时间型：你的特征是忙乱，原因可能是对工作流程不熟悉，也可能是专业知识不够扎实。如果你懂得勤能补拙，能尽快改变自己的做事方式，就还有提高效率的希望。

　　如果不想向同事请教的话，建议你可以偷偷观察别人是如何处理工作的；尽量让自己在等待的同时做好另外一件事；不必事必躬亲，可有效利用这段时间做别的事。

　　分数为12～18分

　　意外事浪费时间型：你或许做事很有计划性，但很容易受到意外事件的干扰，当工作计划被打乱时就会影响工作效率。

　　建议你预留一些时间分给真正的重要事情，也应当学会委婉地拒绝他人，明确自己的职责范围，超过自己本职工作的要求应客气回绝。

通关宝典：把时间用在刀刃上
Best Solution

　　一个人的时间、精力是有限的，我们得把有限的时间节约下来，以最投入的状态，最集中的精力将其花费在工作中，这样才能高效地工作，获得上司的赞许与升职的机会。

　　那么，我们应当怎样把时间用在刀刃上呢？

　　如果你不知道，通关宝典将告诉你。

LEARN MORE

■谁偷走了你的时间？

　　要想抓住时间并将其用在刀刃上，我们首先需要知道谁"偷走了"我们的时间，如图4-1所示。

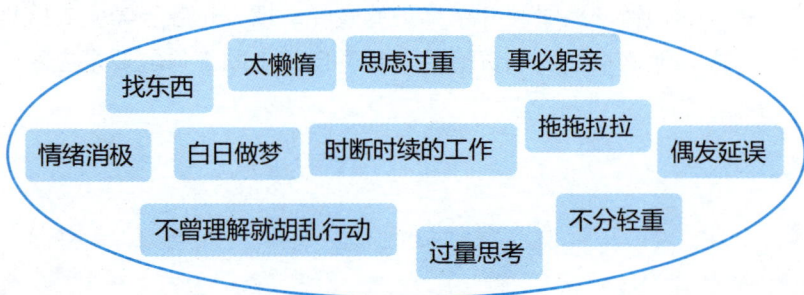

找东西　太懒惰　思虑过重　事必躬亲

情绪消极　白日做梦　时断时续的工作　拖拖拉拉　偶发延误

不曾理解就胡乱行动　过量思考　不分轻重

图4-1　偷走时间的"窃贼"

　　以上常见的浪费工作时间的方式，你有过吗？如果有，克制住，下次别这样哟！

■时间管理"四象限原则"

　　只有管理好时间，才有足够的时间应付工作。著名管理学家科维提出了"四象限原则"的时间理论，把工作按照重要和紧急两个程度划分为：既紧急又重要、重要但不紧急、紧急但不重要、既不紧急也不重要这四个类别。每个类别的具体内容如图4-2所示。

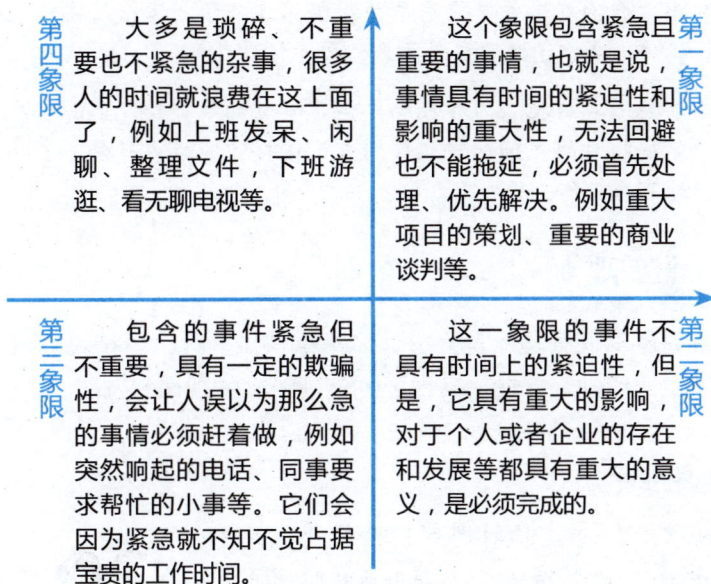

第四象限 大多是琐碎、不重要也不紧急的杂事，很多人的时间就浪费在这上面了，例如上班发呆、闲聊、整理文件，下班游逛、看无聊电视等。

第一象限 这个象限包含紧急且重要的事情，也就是说，事情具有时间的紧迫性和影响的重大性，无法回避也不能拖延，必须首先处理、优先解决。例如重大项目的策划、重要的商业谈判等。

第三象限 包含的事件紧急但不重要，具有一定的欺骗性，会让人误以为那么急的事情必须赶着做，例如突然响起的电话、同事要求帮忙的小事等。它们会因为紧急就不知不觉占据宝贵的工作时间。

第二象限 这一象限的事件不具有时间上的紧迫性，但是，它具有重大的影响，对于个人或者企业的存在和发展等都具有重大的意义，是必须完成的。

图4-2 四象限原则内容

有人或许会有疑问，我知道了四个象限的概念，可在工作中应当怎样具体操作呢？

◆第一象限和第四象限是壁垒分明、相互对立的。第四象限既不紧急又不重要，完全可以忽略它。

◆第二象限和第三象限最难以区分，第三象限中的事很紧急的事实会造成它很重要的假象。要区分它们就必须看这件事是否真的足够重要。例如，按照对公司发展的决定性，对个人

> 勤恳工作很重要，别为办公室的人际关系浪费太多时间哟。

晋职的帮助性，还有是否符合自己的人生目标和人生规划等辨别它是否重要。

◆ 第一象限的事情重要而且紧急，由于时间原因人们往往不能充分准备，尽善尽美地完成。第二象限的事情很重要并且时间充裕。我们在工作中应当尽力把握第二象限的事情，完美地完成工作，减少遭遇太多紧急又重要事情的几率。

◆ 要想顺利地把精力放在重要但不紧急的事务处理上，需要很好地安排时间，例如建立计划表，这样才能游刃有余、不疾不缓地完成工作。

■时间管理的"二八原则"

最好的时间管理就是区分什么事情该做，什么事情可以缓缓再做。"二八原则"就是一条重要的处理时间的规律和方法。

案例讲述

小曾工作了一段时间后，总结了自己的工作状况，他觉得自己只有20%的时间用于处理重要事情，而剩余的80%的时间其实是浪费掉的。

于是，小曾在思考一个问题，如何把重要事情突出处理，把剩余时间尽可能有效地利用在别的有价值的事情上。

我们不仅要将事情分为紧急的、重要的、不紧急也不重要的和既紧急又重要的四类，还应该知道，80%的收获来自20%的时间，80%的时间创造了20%的成果。

我们要学会区分出哪些事情能带来高额的回报，这样才不会浪费宝贵时间。

◆ 我们不可能把所有的事情都做完，要学会有所拒绝，不值得为它拼命的事情不如放弃。

我会努力成功的！就从节约时间开始进步！

◆ 检查工作表上记录的事情，看看它们给予你什么回报，然后将其重新排序，按价值高低顺序完成。

◆ 找到骗走时间的低价值的活动，不论在别人眼里这些事情有多重要与紧急，只要对你无用，那就放弃吧。

◆ 梳理所花费时间远远超出预计却依旧无法完成的事，我们有时候要咬牙放弃鸡肋般的任务或客户，浪费时间就是浪费金钱啊！

◆ 有些非做不可但并非一定要亲手完成的事情，可以拜托别人去做，自己验收就好。

◆ 在自己擅长的事情上追求卓越，而不是要求自己在每件事情上都能独挡一面。

■提升工作执行力

能有效利用资源，保质保量达成目标的能力，被称为执行力。就企业来说，我们可以通过贯彻战略意图，完成预定目标；就个人来看，其实，我们也可以通过训练来提升自己的执行力，其方法如图4-3所示。

方法1 增强责任意识，积极进取，绝不消极敷衍、推卸责任，这种态度能帮助我们更好地处理工作。责任心的强弱，决定执行力度的大小和执行效果的好坏。

方法2 脚踏实地，静下心从小事做起，耐心地一项一项处理工作任务。切记不能好高骛远，否则终将一事无成。

| 方法3 | 每项工作都要立足于"早"、"快"，抓紧时间，加快节奏，克服拖沓懒散的毛病，强化时间观念，有效地进行时间管理，时刻把握工作进度，必能提高办事效率。 |
| 方法4 | 锻炼自己的改革精神和创新能力，充分发挥主观能动性，创造性地改进工作方法，更高效地进行工作。 |

图4-3 提升执行力的方法

■工作日清日结的具体做法

工作需要"日清日结"，这样才能提高工作效率。所谓日清日结，按字面意思理解，就是今日事，今日毕，按时完成份内的任务并总结。那么，我们具体应当怎样进行实践操作呢？

1. 上班前，问自己问题

A．哪些是重要的，必须要在今天就完成的工作？组织或团队对这项工作有什么要求？做完后要向谁报告？有哪些技术性的问题需要事先向谁请教？需要谁来帮助？

B．哪些工作是团队中其他同事进行的工作，但是需要我事先给予帮助的？我必须要在什么时候安排时间完成此事？

C．今天的工作中是否有需要与上级领导沟通对话的项目？应该安排在什么时候合适？

D．今天的工作中，哪些是需要团队成员共同进行的工作？我必须要做哪些事先的准备？

E．今天有什么客人要来访？约定了吗？他来访，我只能单独给予多少时间？

F．今天我需要到哪些部门去办事？事先约了吗？

将可控的各项资源在时间资源基础上进行计划分配，在行动之前就考虑清楚工作内容与具体的安排情况，然后一步步地落实具体工作项目。

2．下班前，问自己问题

A．今天有没有未能完成的工作？原因何在？

B．以后遇到同样的工作时，如何避免？今天没有完成的工作，对其他部门的同事工作有什么影响？他们会有什么埋怨？

C．今天被上级领导所占去的时间有没有价值？

D．今天与同事交流共同工作，效果怎样？

E．今天遇到了哪些事先没有计划到的工作？占去了多少时间资源？为这些事情占用时间是否合理？

F．今天完成的工作中，哪项工作质量最好？哪项工作质量不如意？在工作方法上该如何改进？

G．哪些工作浪费的时间资源最大？原因是什么？是人力资源匹配还是流程环节的问题？

通过"日结"我们可以发现问题、分析问题、解决问题、克服问题，坚持每天"日结"有助于渐渐提升工作效率。

■ "PDCA循环"有效管理每日工作

PDCA循环又叫戴明环，是美国质量管理专家戴明博士提出的概念，它是由英语单词Plan（计划）、Do（执行）、Check（检

查）和Adjust（调整）的第一个字母组成的，PDCA循环就是按照这样的顺序进行质量管理，并且循环不止地进行下去的科学程序。

该循环有如下三个特点：

◆各级质量管理（广义可扩展为工作任务）都有一个PDCA循环，形成一个大环套小环、一环扣一环，互相制约、互为补充的有机整体。一般来说，在PDCA循环中，上一级的循环是下一级循环的依据，下一级的循环是上一级循环的落实和具体化。

◆每个PDCA循环都不是在原地周而复始运转，而是像爬楼梯那样，每一循环都有新的目标和内容，经过一次循环解决一批问题，从而使质量不断提高。

◆在PDCA循环中，A是一个循环的关键。

PDCA循环是有效进行任何工作的程序。首先，作出工作计划，然后尽快执行，在执行之后对总结检查的结果进行处理，对成功的经验加以肯定并适当推广、标准化；对失败的教训加以总结，未解决的问题则放到下一个PDCA循环中。

PDCA只是让人完善现有工作，因此，它也有一定的局限性，习惯了PDCA的人会容易按流程工作，缺乏创造力。

■制订工作计划的要求与步骤

工作计划是对即将开展的工作的设想和安排，如提出任务、指标、完成时间和步骤方法等。有计划地工作才能减少工作的盲目性，才能确立目标，按照特定步骤有条不紊地开展行动。

计划对工作既有指导作用，又有一定的约束和督促作用，是建立正常的工作秩序，提高工作效率的重要手段。

制订工作计划具体有如下要求：

◆工作计划不仅需要写，更重要的是"做"，即执行。

◆计划的内容远比形式重要，朴实即可，不需要使用华丽的词藻，也不需要写空话、套话。

◆工作计划要简明扼要、具体明确，用词或计数需准确。

◆工作计划要简单、清楚、可操作性强。没法进行实践的计划等同于一张废纸。

制订工作计划的6个重要步骤如下：

◆根据上级安排和市场的实际情况，确定工作方针、工作任务、工作要求。

◆确定工作的具体办法和措施。

◆根据工作中可能出现的偏差、缺点、障碍、困难，预想克服的办法和措施。

◆根据工作任务的需要，组织并分配力量、资源，明确分工。

◆计划草案制订后，应与相关人员，例如上司、团队中的同事等人讨论。

◆在实践中进一步修订、补充和完善计划。

工作计划并不是写写而已，一定要落实在实践工作中哟！

详细的工作计划多采用条文形式；简单的计划多采用表格形

式；时限长的计划多采用文件形式。

工作计划至少要由标题、正文以及落款（包含日期）3部分组成。计划的标题需要体现计划单位、计划时限、计划内容摘要、计划名称等内容。

如所订计划还需要讨论定稿或经上级批准，就应该在标题的后面或下方用括号加注"草案"、"初稿"等字样。工作计划的正文需要有情况分析、工作目标、任务等内容。个人计划须在正文右下方的日期之上具名。

工作计划中需要体现上级的指示。制订计划要从实际情况出发，需要博采众长，分清轻重缓急，突出重点；还要防患于未然，提前假设一些可能遇到的困境，并写明防备措施。

■检查工作效率的技巧

有的人每次总能顺利地完成工作任务，也不知究竟是因为任务太轻松还是因为自己的效率很高，那么有没有什么办法能使我们检查自己的工作效率呢？

下面就提供几个会影响工作效率的参考因素如图4-4和图4-5所示，请对照着检查吧！

1 过时落伍的计算机、打印机、软件和其他技术设备很可能会降低工作效率。若计算机不能运行一套关键软件的最新版本，那就需要升级换代。

2 花上几天时间观察自己的工作环境，找出由于工作空间安排不合理造成的效率低下问题。例如，由于电脑离电话太远，当接听电话时，不能及时查看电脑中的反馈信息。

3

文件应归类以便查找，杂乱无章会造成信息查找困难，从而造成大量人力和时间的浪费。

4

由于电子邮件和移动电话等通讯技术的广泛使用，使工作环境中充斥着新闻、闲聊、垃圾邮件等分散注意力的外来因素，这很可能会在不知不觉中降低你的工作效率。

图4-4 检查工作效率的方法（一）

1

长期不定时地频繁召开、参与不必要的没有重点的会议将会降低工作效率。

2

在搜集资料时，参考了不可靠或过期的报刊杂志，在不规范的网站随意搜集了信息，这些繁杂而又不一定正确的资源，会事倍功半、降低效率。

3

同事的大声说话、电话铃声、键盘敲击声和开关门的声音都会降低整个办公室所有人的工作效率。

4

混乱的办公场所，通常也很可能降低工作效率。

图4-5 检查工作效率的方法（二）

每人每天都有专注力高低变化的曲线，了解自己专注力的变化周期，有助于知道自己在一天有效的工作时间段中，哪个时间段效率最高。

然后可依据时间周期去适当分配工作任务，难度高的、需要高度专注的事务放在专注力高的时间段去做，反之则放在专注力低的时间段。这样更容易高效愉悦地工作。

职场工具箱
Workplace Toolbox

前面，我们讲了日清日结工作的方法。

还提到制订工作计划能有效地提升工作效率。那么，我们应当怎样具体进行操作呢？下面就为大家提供一些职场必备知识和技能的介绍。

LEARN MORE

■工作日清日结记录模板

日清日结记录模板比常见的工作记录清单样式更复杂一些，如图4-6所示。

日期	任务内容	任务处理要点	完成情况	上级处理意见	反思	签字

图4-6　日清日结模板

因为篇幅有限，这里只是表格示意，还可以根据实际情况调整其中的项目。

■工作计划模板

工作计划的形式多种多样，但其具体格式万变不离其宗，下面将提供两种不同的工作计划模板供大家参考。

1. 行政部年度工作计划

第一部分 总体目标

一、总体目标

1．根据本年度工作情况与存在的不足，结合目前公司发展状况和今后趋势，行政部计划从10个方面开展××年度的工作：进一步完善公司的组织架构，争取做到组织架构的科学适用，3年不再做大的调整，保证公司的运营在既有的组织架构中运行。

2．完成公司各部门各职位的工作分析，为人才的招募、评定薪资和绩效考核提供科学的依据；

3．完成日常行政招聘与配置；

4．推行薪酬管理，完善员工薪资结构；

……

10．做好人员流动率的控制与劳资关系、纠纷的预见与处理。既保障员工合法权益，又维护公司的形象和根本利益。

二、注意事项

1．行政工作是一个系统工程，不可能一蹴而就，因此行政部在设计制定年度目标时，应按循序渐进的原则进行。如果一味追求速度，行政部将无法对目标完成质量提供保证。

……

3．此工作目标仅为行政部××年度全年工作的基本文件，而非具体工作方案。鉴于企业行政建设是长期工程，每个目标项目实施的具

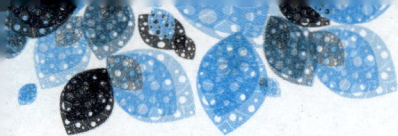

体方案、计划、制度、表单等将根据公司调整后的目标具体落实。

第二部分 完善公司组织架构

一、目标概述

……

综上所述……

××部门××

××年××月××日

2. 销售员个人工作计划

在××年刚接触这个行业时，我在××问题上走过不少弯路，那是因为对这个行业还不太熟悉××××，所以今年××。

××年的计划如下：

一、对于老客户和固定客户，要经常保持联系，在有时间、有条件的情况下，送一些小礼物或宴请客户，稳定好与客户的关系。

二、在拥有老客户的同时还要不断从各种媒体获得更多客户信息。

……

五、今年对自己有以下要求：

1. 每周要增加××以上的新客户，还要有××到××潜在客户。

2. 一周一小结，每月一大结，看看有哪些工作上的失误，及时改正，下次不要再犯。

3. 见客户之前要多了解客户的状态和需求，以做好充足的准备。

4. 要不断加强业务方面的学习。

5．给客户一个好印象，为公司树立更好的形象。

6．客户遇到问题时，不能置之不理，一定要尽全力帮助他们解决，让客户相信我们的工作实力。

7．和公司其他员工要有良好的沟通。只有有团队意识，和他人多交流，多探讨，才能不断增长自己的业务技能。

8．为了完成今年的销售任务，每月我要努力完成××到××万元的任务额，为公司创造更多利润。

以上就是××年我的工作计划，工作中总会有各种各样的困难，我会向领导请示，与同事探讨，共同努力克服，争取体现自己的价值，为公司创造利益、做出贡献。

陈××

××年××月××日

第5章

领导沟通有方法

进入职场后，与人良性沟通是我们必备的一个技能，严格来讲，职场中的沟通并不是随意的闲聊，而是一种有目的的行为，我们需要磨砺自己，使这种行为变得更为有效。

职场中的沟通又分为与领导沟通和与同事沟通两种情况，针对不同的情况我们要找到适当的方法，有针对性地"讲话"，这样才能切中肯綮。

找到与领导沟通的方法，就是本章的重点内容。

那么，我们应当怎样操作呢？请往下看吧！

隐藏陷阱：与上司沟通时，你会犯傻吗？
Hidden Trap

有的人在日常生活中与人交流时总是顺顺利利，没有什么问题。

可一旦要去跟领导搭话，例如日常闲聊或汇报工作等，他就会开始紧张，甚至犯傻。

例如，领导的交待听不见；领导批评你反对；领导前进你后退等。

那么，在与上司沟通时你会犯傻吗？

LEARN MORE

■领导心思你忽视，领导交待听不见

有的职场新人，总是自顾自地干活，干得非常努力，效果却总是不尽如人意或者领导并不满意。造成这种情况的原因，很可能是因为不会揣摩领导的心思，"没听见"对方交待的话。

这里所谓的"听不见"，并不是真正的没听见，而是没听准、没理解、没听出领导真正的意图。

案例讲述

小西在某大企业设计部工作了好几个月，起初，他做设计助理时，因为工作特别卖力，经理对他很满意，经常表扬他。可渐渐，他却越来越觉得累，一来是因为他开始独自参与设计工作，工作量大、压力大；二来是他努力完成着经理交代的任务，可结果却总是不能令经理满意。

某日，经理无奈地说，不知道是我没有表达清楚，还是你没听懂，为什么你做出来的东西和我的期望总是差距那么远？

小西很在乎这份工作，听到经理的疑问后，很是郁闷，为啥会这样啊？我明明很认真地听了经理布置的任务啊！

在进行"上对下"的沟通时，很多领导不会详细解释自己所做出的命令或决定的缘由，也不好阐述自己的具体想法，而是直接让下属照着吩咐去办事。

而员工很可能由于工作年限较短、对公司情况不熟悉、对领导的喜好不了解、自身的理解能力不强等情况，误解领导传达的信息或一知半解，致使沟通失效。

当你发现领导交待的任务自己有两三次都不能很好地理解，或是你以为正确，结果却是错误的时候。那么再次与领导沟通时，一定要明确问清与之交流信息的详情。不要怕问，否则弄错了你会更难堪。

■领导期待你回避，领导安排你拖延

一想到要和领导沟通，不少职场新人都会面露难色，他们不愿，甚至害怕和领导交流。

尽管明知道自己领导并不坏，也明白交流是必须的工作方式方法，但工作时，总会下意识地回避领导，减少与之交流的次数。

案例讲述

小敏工作十分认真负责，和同事关系也相当融洽，可是她一见到自己的领导就心慌、紧张，不愿意和他主动交流。甚至因为怕对方忙，而不敢主动去询问自

小敏独白：这么怕领导，算是一种病了吧？我该怎么办啊，总不能一直做小职员呐！

己工作中的遗漏问题，导致整个项目的进度被拖延。

日复一日，这种情况非但没缓解，还越来越严重，甚至当小敏遇到可以升职的机会时，她都因为害怕和领导直接交流而不敢努力去争取这个职位，因为升职之后，和领导相处的时间会更多！

怕领导的原因多种多样，我们需要将其揪出来，然后克服掉！具体内容，如图5-1所示。

1 　担心别人以为自己在拍马屁。我们应当明白，和领导沟通是工作中必不可少的环节，是义务与职责。我们需要通过沟通了解上司的意图，得到认可与支持，把握自己的工作方向，以求提高工作效率。所以，为了工作的顺利进行，尽可能地去和领导沟通吧！

2 　担心言多必失。我们应当明白，不说话并不意味着你就不会"失"，当领导注意到你时，你反而去躲他，回避他，他对你也不会有什么好印象。

3 　怕被领导训。我们应当明白，不论上司的言行举止是否"温柔"，履行自己工作的职责才是最重要的。走自己的路，让别人说去吧。或许，他训了你，你还能从中学到不少东西呢？

图5-1　回避领导的原因

有的人，除了回避领导的期待之外，甚至还会拖延对方交待的工作，这种行为可比单纯的回避更糟糕。

造成这种行为的原因，常常有如下几种：

◆不想做。可能因为懒惰、没有兴趣所以缺乏工作热情，也可能因为回报太低，因而不积极。

◆待办事项太多、太复杂，不知从何着手。

◆不会做，于是逃避、拖延。

◆能做，但怕搞砸，任务太重要反而不敢下手具体操作，压力大

到想逃避。

◆工作没有规定明确的期限，或者有期限却无压力，认为拖一下也不会有严重的后果，所以就拖拉着做。

◆好逸恶劳，一边玩一边工作。

针对这些情况，我们应当怎样做才能不拖延领导安排的工作呢？具体方法如图5-2所示。

1　如果因为没兴趣或没激情而拖拉工作，你需要在本职工作中找到它的存在意义，找到能鼓励自己的因素。如果实在找不到，那就请你换一份工作吧。

2　如果因为任务繁多而拖拉，可以试着将困难的项目或任务，划分为一个个的简单步骤，然后从最紧急和最简单的开始做，一步步循序渐进地工作。

3　如果因为担心做错而拖拉工作，可以先寻找自己的优点和技能，承认自己的弱点，然后将其转化为优势，对成功的定义做出合理的评判,专注于工作，而非别人的认可。

4　如果你习惯于在最后限期的压力下工作，那么你需要找到刺激自己的方法，学会提高工作效率和工作质量，同时戒掉突击工作的习惯。

图5-2　工作不拖拉的方法

哪怕领导布置的工作你暂时没找到顺利解决的办法，也应当责无旁贷地答应下来，这样会让领导觉得你是个肯努力的好下属。反正不管你答应还是不答应，这项工作多半就是你的，犹豫不决的态度除了会让对方不高兴之外，没一点别的作用。

■领导批评你反对，领导建议你舍弃

有的人总是习惯于跟自己的领导唱反调，被领导批评了不接受，领导的建议也不愿意听从。这种员工，即使工作能力再强，也不会被领导看中、欣赏。

案例讲述

　　小王是个率直开朗的女孩，她个性很好强，有时候还有些特立独行。碰巧她的上司是个脾气很好的老好人，于是小王在工作中常常与这位经理不分尊卑地开玩笑。

　　当经理指出小王某些工作完成得不够好时，她会据理力争与经理分辩，常常不接受对方的意见。当经理希望她按照某种方式处理文件时，若小王不喜欢这种方式，她会当作没听见，而忽略经理的意见。

有没有搞错，究竟你是经理还是我是经理啊？

　　小王这种作法渐渐引起了经理的反感，他甚至觉得自己在小王的"领导"下，眼看其他下属也开始渐渐地不听话了。长此以往，部门还怎么顺利运转？思索再三，尽管小王工作能力非常出众，经理还是决定让她走人。

　　像小王这种不尊重领导、不维护领导权威，甚至不支持领导工作的做法，没有领导能长期忍受，被炒鱿鱼是迟早的事情。

　　在工作中，我们应学会仔细去听领导的命令，学会与领导探讨工作，并且在工作的过程中向他汇报进度。不要直接反对领导的意见，或者在任务搞砸后才对领导的指导思路提出异议。

　　事情都结束了才来反对，除了令人讨厌之外没别的用处。

　　若遇到在自己能力范围之外的任务，应向领导提出自己的困难，请他协调别的部门帮助解决。

■领导搭台你拆台，领导前进你后退

　　任何领导都希望部下与自己站在同一阵线，保持同样的步调，可偏偏有的职员明明没有恶意却总是不知不觉地给上司拆台，甚至和领导往相反的方向走。

案例讲述

小于的公司新上任了一位部门经理，并成为了她的直属上司。一次，部门得到一项加急任务，经理请求各位同仁帮忙一起加班赶工，并表示等这项任务完成后，他自掏腰包请大家吃饭、K歌，以此慰劳大家，并希望就此拉近与部门员工的关系。

听到这样的话后，小于顺口说道："忙都忙死了还K什么歌啊，赶完了工作直接放大家回去睡觉更好。"

> 我真不是故意的……
> 只是顺口一说而已。

听她这么一说，经理面色瞬间就不好看了，小于这才突然意识到自己在拆对方的台。

没有领导能够容忍下属故意拆台，若遇到专权、心胸狭窄的领导，拆台下属将"死无葬身之地"。

作为下属，遇到问题可以往后退，但领导却无路可退，必须前进。当遇到某种明知是费力不讨好的事而领导却偏偏让你迎难而上时，应换位思考一下，说不定领导并不是要故意折磨你，而是他也没办法。

面对"奇怪"的工作，不要直接拒绝领导，你可以替领导找到别的合适人选，或者多与之商讨，重新制订更合适的计划。

> 身为职员，我们不能强迫领导接受自己的意见，而应该在阐述意见后留给对方思考时间，即使领导不愿采纳你的意见，也不能在公众场合直接表达自己的不满，我们应当感谢对方的倾听，让他知道自己工作很努力、很积极就足够了。

自我测试：了解你的沟通状况
Self Test

　　除了私营企业的老板，几乎人人都有领导，与领导良性沟通，有助于与之建立良好的人际关系，以便使自己在职场中愉快地工作，甚至在不经意间得到领导的赞许与举荐。

　　在了解与领导的正确沟通方法之前，先来看看你的沟通状况是怎样的吧。

LEARN MORE

■在说服领导时你注意过以下几点吗？

　　说服领导是与领导沟通方式中的一个常见项目，你在说服领导时顺利吗？来测试一下为自己打个分吧，看看你是否注意过说服领导的一些要点。

【测试试题】

1．能够自始至终保持自信的笑容，并且音量适中。

A．一贯如此　　　　B．时常如此　　　　C．偶尔如此

2．善于选择领导心情愉悦、精力充沛的时机与之谈话。

A．一贯如此　　　　B．时常如此　　　　C．偶尔如此

3．已经准备好了详细的资料和数据以佐证你的方案。

A．一贯如此　　　　B．时常如此　　　　C．偶尔如此

4．对领导将会提出的问题胸有成竹。

A．一贯如此　　　　B．时常如此　　　　C．偶尔如此

5. 语言简明扼要，重点突出。

A. 一贯如此　　　　　B. 时常如此　　　　　C. 偶尔如此

6. 和领导交谈时亲切友善，能充分尊重领导的权威。

A. 一贯如此　　　　　B. 时常如此　　　　　C. 偶尔如此

【计分标准】

选择"A. 一贯如此"得3分，选择"B. 时常如此"得2分，选择"C. 很少如此"得1分，然后累计得总分。

【结果分析】

分数为0~6分

很遗憾，你应该抓紧时间学习如何与领导良性沟通。因为你现在和领导的关系很不融洽，需要适当地改善沟通技巧，这样才能充分发挥自己的能力，以便在工作中获得更广阔的发展空间。

分数为7~13分

你已经掌握了很多沟通的技巧，并已经尝试在工作中运用，在与领导沟通时能获得对方的好感，但还需更加努力。

分数为14~18分

你是一个非常受欢迎的人，能在工作中较好地运用沟通技巧，被领导所赏识。

■测试一下你的沟通能力

刚刚踏入职场的新人，你知道自己的沟通能力如何吗？知道自己跟领导的沟通是否能达到预期的效果吗？来测试一下为自己打个分吧，看看你是否能在沟通中打动上司。

【测试试题】

1．你上司的上司邀请你共进午餐，回到办公室后，你发现你的上司对此颇为好奇，此时你会：

A．告诉他详细内容

B．粗略描述，淡化内容的重要性

C．不透露蛛丝马迹

2．当你主持会议时，有一位下属一直以不相干的问题干扰会议，此时你会：

A．告诉该下属在预定的议程结束之前先别提出其他问题

B．要求所有的下属先别提出问题，直到你把正题讲完

C．纵容下去

3．当你跟上司正在讨论事情时，有人打长途电话来找你，此时你会：

A．告诉对方你正在讨论重要的事情，待会再回电话

B．接电话，而且该说多久就说多久

C．请秘书告知对方自己不在

4．有位员工连续4次在周末向你要求他想提早下班，此时你会说：

A．你对我们相当重要，我需要你的帮助，特别是在周末

B．今天不行，下午四点钟我要开个会

C．我不能再容许你早退了，你要顾及他人的想法

5．你刚好被聘为部门主管，你知道还有几个人关注这个职

位，上班的第一天，你会：

A．把问题记在心上，但立即投入工作，并开始认识每一个人

B．忽略这个问题，并认为情绪的波动很快会过去

C．找个别人谈话，以确认哪几个人有意竞争此职位

6．有位下属对你说："有件事我本不应该告诉你的，但你有没有听到……"这时你会说：

A．谢谢你告诉我怎么回事，让我知道详情

B．跟公司有关的事我才有兴趣听

C．我不想听办公室的流言

7．你认为你的文字和口头表达能力强吗？

A．强　　　　　　　B．一般　　　　　　　C．很差

8．你能很好地运用肢体语言表达你的意思吗？

A．是　　　　　　　B．一般　　　　　　　C．很差

9．你能很容易地认识一个陌生的人吗？

A．是　　　　　　　B．有时　　　　　　　C．否

10．你能影响别人接受你的观点吗？

A．是　　　　　　　B．有时　　　　　　　C．不能

11．与人交谈时你能注意到对方所表达的情感吗？

A．是　　　　　　　B．有时　　　　　　　C．不能

12．你是否能用简单的语言来表述复杂的意思？

A．是　　　　　　　B．一般　　　　　　　C．否

13．朋友评价你是个值得信赖的人吗？

A．是　　　　　　　B．一般　　　　　　C．不是

14．你能积极引导别人把思想准确地表达出来吗？

A．是　　　　　　　B．有时　　　　　　C．不能

15．你是否善于听取别人的意见，并且不将自己的意见强加于他人呢？

A．是　　　　　　　B．有时　　　　　　C．不能

【计分标准】

选择A得2分，选择B得1分，选择C得0分，然后将各题所得的分数相加。

【结果分析】

分数为0～14分

沟通能力差，想要表达的意思常常被别人误解，给别人留下不好的印象，甚至无意中对别人造成伤害。

分数为15～21分

沟通能力中等，你的沟通能力发挥得不稳定，有时会引起沟通障碍，要想提升自己的沟通能力就要努力锻炼。

分数为22～30分

沟通能力很强，是沟通高手，口头表达能力强，说话简明扼要，很容易让对方接受你的观点。

通关宝典：尊而不卑与领导交流
Best Solution

职场中，和领导最佳的沟通方式应当是恭敬中不失身份。
那么，我们怎样才能做到这样尊敬而不卑微的沟通呢？
怎样才能正确领悟领导的意图？
怎样完美地向领导汇报工作？怎样应对不同类型的上司？
如果你不知道，通关宝典将告诉你。

LEARN MORE

■正确领悟领导意图的6个要点

在工作中，你首先不用考虑应该向领导说什么，而是应该先听懂他在表达什么，他希望得到什么。

正确领悟领导的意图，成为他的"贴心小棉袄"，这才是职场中我们应当首先做到的关键点。

案例讲述

珍珍从大学毕业后在某房产公司任副总经理秘书，在刚开始工作的那段时间，领导布置任务时，她总是不能很好地将其完成，无数次的熬夜返工，折磨得她欲哭无泪。

有一天，她实在忍不住就跟公司的总经理秘书小小抱怨了几句，那位资深秘书姐姐笑着告诉她："领导说的不一定就是字面上的意思，你要学会听话辨音，正确理解他的意图。"

正确理解，说着容易做着难。那么，有没有什么技巧能够帮助我们去领悟上司的想法呢？首先我们要清楚上司需要得到什么，知

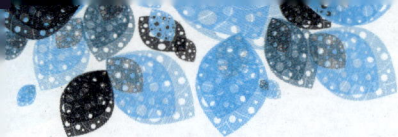

道需求，才能去揣摩他的想法，如图5-3所示。

上司需要得到的	下属应当提供的
支持	尽职工作，在上司工作的薄弱环节提供支持
执行指令	做好领导交待的工作
了解部属情况	做好分内的工作，定期汇报工作情况
有人分忧	理解上司、敢挑重担、提出建议
下级提供信息	及时给予反馈、汇报沟通信息

图5-3　了解领导的需求

在了解了领导的需求之后，我们应从如下6个要点领会其意图。

◆站在领导的立场进行思考，彻底领会、理解上司所实行的方针。例如工作应当怎样干，干到怎样的程度。

◆了解领导的喜好，搞清楚他的性格特点，明白他的不同行为预示着什么。

◆了解领导对下属的真正期待是什么。

◆掌握领导的好恶及对问题的看法，例如把握住领导的"偏见"，不要以自己的立场去考虑问题。

◆时刻将上司请到台前，让他为你的工作做指点。领功劳时，哪怕他根本就没有参与你的前期工作也要将领导放在很重要的位置加以介绍。

◆体谅上司的难处，把握上司的小心思。

■向领导请示、汇报时的态度与立场

向领导请示、汇报是我们工作中常做的事情，有的人一进领导办公室就紧张，其实，这是因为自己的心态没摆正。那么，我们应当用怎样的态度与立场去和领导交流呢？

1. 表立场求机会

上司也是人，不是豺狼虎豹，我们首先要明白自己是去与他交流的，不是去受审挨骂的，摆好自己的心态才能不胆怯、不惧怕。

此外，实干型的上司不喜欢花费自己的大把时间去听下属拍马屁，职场中，没有意义的赞扬话要少说。

你只需要用勤恳的工作表明你是和上司站在同一立场的就行了。然后，在请示、汇报时抓住时机展示一下自己的能力，即可求得"露脸"或升迁的机会。

2. 尊重而力挺领导

在汇报工作时，我们要尊重领导、尽力维护他的权威，把支持并配合他的工作作为自己的行事标准。别话里话外透着"我很强"的感觉，应该是"在您的指点下，这项目完成得不错"。

交给我，您就放心吧，一定能办好！

当领导遇到棘手的问题时，我们要迎难而上，力挺领导，勇于接受风险，承担责任。总是推脱的员工不是好员工，自己既不能经受磨砺获得成长，在上司面前也落不到好。

3. 请示而不依赖

请示并不是说你就什么都不用干了，直接全部交给领导做主，依赖领导。遇事没有主见，甚至慌慌张张地去请示，只会让人觉得你办事不力。

我们应当在自己职权范围内负责、创造性地工作，该请示的必须请示，但在请示时也可以提出你的建议和预想的方案。别给领导

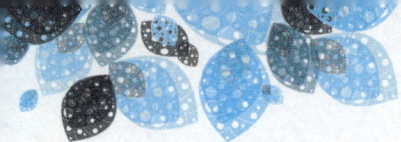

留下一种你什么都没做，只是在张口询问的坏印象。

4. 主动而不越权

我们需要积极主动地工作，并适时地提出自己的意见。但这并不意味着你就能不跟领导打招呼自行处理不在自己职权范围内的事情。更有甚者，对领导交待的事情不去照着实施，而是自顾自地另外做一套别的事情。擅自超越自己的职权范围，这是职场大忌哦！

■向上司请示、汇报时的程序和要点

在了解了向领导请示、汇报的立场之后，接下来我们就来研究一下请示、汇报的具体程序和方法。

案例讲述

年轻的小强是个急性子，做事一贯雷厉风行，他在向领导汇报工作时，常常是风风火火地冲进办公室，噼里啪啦地说一通，也不管领导怎样想的，说完他就出去了。

小强的上司经常被他搞得目瞪口呆，到最后忍无可忍，直接让别的下属提点他，工作不是像他这样汇报的！

汇报工作究竟应该怎样做，有怎样的程序和要点？下面就来详细讲述汇报工作的程序，如图5-4和图5-5所示。

仔细聆听领导的命令

弄清楚该命令的时间、地点、执行者、为了什么目的、需要做什么工作、怎么样去做、需要多少工作量。在得到命令时需进行记录，之后需进行整理，并简要复述自己理解的内容，当场与领导沟通，确保自己的理解没有出错。如条件允许，可尽量将沟通的内容以邮件等成文的形式落实。

图5-4 向领导汇报工作的程序（一）

与领导探讨目标的可行性

当你从上司那里得到任务后，应该立刻设想该任务是否艰巨，有怎样的解决方案。可告诉领导你的初步解决方案，对工作中或许会出现的问题要先一步进行商讨，充分认识困难，然后提出协调解决方案。

拟定详细的工作计划

在接受任务之后，需制定详细的工作计划交与领导审批。计划中不仅要写出行动方案与步骤，还应规划时间进度，以方便领导心中有数地进行全程控制。

工作进行中向领导汇报

在实施计划时，根据当前进度需不定时地向领导进行汇报，例如计划中的某步骤提前或推迟时，要让领导对你的工作状况心中有数，知道你目前的成效，并方便领导及时在工作过程中发表自己的意见和建议，避免自认为一切尘埃落定后又推翻重来的情况的发生。

工作完成后要总结汇报

周星驰的电影中有句经典台词"你不说我怎么知道呢？"当工作完成后，切记不要忘了及时向领导做汇报，你不说，他怎么知道你按时且完美地完成了工作呢？

汇报内容要包括成功经验和需改进的不足之处，并应感谢领导的正确指导与下属的辛勤工作。

图5-5　向领导汇报工作的程序（二）

请示与汇报是职场新人与领导进行直接沟通的主要渠道，完美无缺地表现自己，能加深领导对你的好感，才会进一步得到赏识与其他的机会。

在请示、汇报过程中，有些要点需要注意：时刻记录工作要点、制定详细的工作计划、确定工作时间表、根据工作时间表把握工作进度、及时向上司反馈信息、汇报时应要点突出、层次清晰明了。

若需要将汇报正式行文，则应以报告的形式进行撰写，其格式如下。

◆标题：包括事由和公文名称。

◆上款：收文机关或主管领导人。

◆正文：结构与总结相同。若是汇报情况，内容应包括情况、说明、结论三部分；若是汇报意见，则应包括依据、说明、设想三部分。

◆结尾：可展望或预测。

■面对领导批评的5个技巧

在工作中被领导批评是很常见的事，区别在于有的领导讲话客气，批评人也很委婉，而有的领导则是气势汹汹地一通责骂。作为职场新人，我们应当怎样面对领导的批评呢？其技巧如下：

◆认真对待领导的批评，思考他批评你的原因，虚心接受领导提出的意见。

◆换位思考，体会领导的意图，即使你没有做错也不要直接反驳，维护领导的形象就是维护企业的形象。

◆不要过于计较领导的批评方式，首先检讨自己的错误。

◆不可推卸责任，知错能改善莫大焉。

◆不要满腹牢骚，不要把批评当作是负担。我们要接受批评，然后继续积极地投入工作之中。

> 被批评也是一种收获，我要更努力地工作，更积极地迎着困难而上，努力提升自己的工作能力，提升自己的形象！

■如何应对不同类型的领导

不同的领导有各自不同的性格和处世方法，身在职场，我们应学会揣摩领导的思想，有针对性地与之沟通交流，这样往往能达到良好的沟通效果，领导的类型如表5-1所示。

表5-1 领导的类型

领导类型 行事内容	接受型	互动型	控制型	实事求是型
基本性格	容易相处	外向	支配欲强	看重因果
经常谈论	个人	朋友	成就	组织结构
工作节奏	稳健	热情充沛	快速	迟缓
使用时间	计划性强	随心所欲	急迫慌张	四平八稳
与他人相处	富同情心	宽容	指挥型	就事论事
倾听时	感兴趣	有交流	不够耐心	有选择
交流时	低调	充满活力	直截了当	内向
做决策时	缓慢	感情用事	冲动	看事实
使用手势	极少	夸张	有力	缓慢
对别人的反应	沉稳	友好	不在意	冷漠
专注于	获得支持	创新	结果	事实
工作环境装饰	纪念品	图画	奖品	图表
着装爱好	舒适	时髦	正式	保守

以上内容，如果有超过7个选项属于某一类，则你所遇到的领导就属于该类型。下面分别进行介绍针对不同类型领导的性格特点，应该采取怎样的沟通方式。

1. 接受型领导

接受型的领导通常性格比较中庸、低调，性格比较稳重而随和，这种上司比较容易相处。但他们在布置工作任务时，则很可能含糊而笼统，没有明确的具体要求。

面对接受型的领导，在得到工作安排时，你一定要详细询问具体要求，并记录在案，经由上司核实再实施操作，这样能避免因沟通不畅而引起麻烦。

2. 互动型领导

互动型的领导性格开朗、外向、热情、健谈，对工作充满激情，喜欢与他人互动交流，喜欢享受他人的崇拜。

面对这一类型领导，可真心诚意地赞美他们，和蔼友善、以诚相待，可开诚布公地与他们讨论问题。

3. 控制型领导

控制型的领导果断而理智，有坚强的意志和良好的决策能力，但有时态度会很强硬，性格也可能会很暴躁。

他们常要求下属无条件、高效地服从命令。于是，我们需要尊重他们的权威，以利益打动对方，干脆利索地请示工作，开门见山地汇报信息。

4. 实事求是型领导

实事求是型的领导理性并注重细节，缺乏想象力与激情，喜欢弄清楚事情的来龙去脉后再做决定。

与这一类型的领导沟通时，需直接谈实质性的东西，在进行工作汇报时需要以关键性的细节加以印证、说明，摒弃空话套话。

■巧提建议的5个要点

面对领导，我们不可能一贯都是没主见地应承，不可能一直听着对方的安排而不提出自己的意见。

可建议该怎么提才不会得罪人，才能被领导接受呢？下面，就来讲解在职场中向领导妥当提建议的要点，如图5-6所示。

选择恰当的提议时机

刚上班时，领导会比较繁忙。快下班时，领导又会急于回家或疲倦心烦。时机不好就算建议本身没问题也很难被领导接受。于是，我们需要选择领导时间充分、心情舒畅的时候提出意见。

通过有说服力的数据提建议

切记，空口白话不会被领导接受，职员通过数据和事实提出新方案，详细阐述利与弊，才能让领导接受，并摆脱自己主观臆断的嫌疑。

设想领导质疑，准备答案

职场中不打无准备之仗，我们应事先设想领导会对我们的提议提出怎样的疑问，自己又该作何解答。前言不搭后语，自相矛盾的建议不可能说服领导。

说话清晰，主次分明

简明扼要、重点突出、有理有据的意见，更容易被领导听懂和采纳。

尊重与自信并存

向领导提建议，首先得尊重对方，言辞不能激烈，不能强迫对方接受自己意见。其次，要对自己的计划和建议充满信心，别畏畏缩缩地提意见，那样不如不提。

图5-6 向领导提建议的方法

■怎样获取领导的信赖

工作中，只有获取领导的信赖，才能在职场如鱼得水。那么我们怎样才能获取领导的信赖呢？要点如下。

◆干脆利落地办事，适时地表现自己，将优点合理展露给领导看。

◆善于察言观色，体会领导的潜台词。

◆工作中给领导增光，私下合理地赞许领导，可通过表达对领导的崇拜而获得对方的好感。

◆力求在工作中说到做到，别人不想干的困难任务也能完成得尽善尽美。

◆管好自己的嘴，别说不该说的话。

◆勤于汇报，在汇报中完美展示自己的能力。

◆多做实事，少露锋芒，别过于自负。

◆适时维护领导的尊严，亲密有度地和对方交往。不过分恭敬，也不能不分尊卑。

在做事时，除了尽量保证尽善尽美之外，我们还需要让领导看到自己的成长，特别是在他指点下的成长。有能力使自己不断提高而不是固步自封的下属，才能真正被领导所器重。

第6章

同事沟通有流程

在职场中除了和上级沟通之外，和同事沟通也是很重要的。甚至可以说，在日常交际中和同事沟通更为频繁，也更容易产生矛盾。

能使对方充分理解自己的意思才能称之为有效的沟通。若能更进一步让对方欣然接受自己的意见，那沟通效果将更为明显。

找到与同事沟通的方法与流程，就是本章的重点内容。

那么，我们应当怎样操作呢？请往下看吧！

隐藏陷阱：平级相处最易犯的错
Hidden Trap

　　由于各人性格、工作性质、工作侧重点的不同，同事之间在沟通时很有可能因为沟通方法不当，出现一些小摩擦。

　　例如，过分探听八卦引起对方反感。

　　没理争三分，张嘴不饶人等。

　　那么，在与同事沟通时，你会犯错吗？

LEARN MORE

■ 参加小圈子，探听私家事

　　职场小圈子，有一部分是吃吃喝喝、一起购物的无害娱乐小圈子，有一些却是一群人聚在一起搬弄是非、说人长短的小团伙。

　　在职场中你有没有"结党营私"，进入为个人利益而互相拉拢、互相利用的小集团或喜好搬弄是非的小圈子探听别人的私事呢？

案例讲述

　　小夕进入公司不久，就有人频频邀请她参加茶会、购物等活动，好玩的小夕欣然同意了这类邀请，经常在下班时或周末和大家一起吃吃喝喝、玩玩乐乐、谈天说地。

　　在与同事闲聊时，喜好打听八卦的她有意无意地了解了不少其他同事的隐私事情，并且还顺着讲述者说了些自己的观点。

后来，小夕无意中发现自己不经意中说的言论被添油加醋地传来传去，在老板和其他同事眼里她的形象顿时一落千丈。

当职场中的人数达到一定程度之后，会自然而然地形成小规模的亲密交流的小圈子，这种小圈子有可能促进圈内人的交流，但也很可能成为自己的绊脚石。那么，我们究竟该怎么做呢？

◆首先，不能相信好搬弄是非者的言论，不能人云亦云，更不能和搬弄是非者一起说人闲话。

◆当喜好搬弄是非者直接找你倾诉信息时，可想法岔开他的谈话，尽量别成为听众。

◆职场中说话要少而精练，话多则容易授人以柄。

◆若发现自己被人传了谣言或坏话，可直接找当事人问清缘由，或委婉警告。

> 加入美食、购物等不带有办公室政治色彩的娱乐圈子可以帮助我们在职场中与人友好地沟通，不应当与喜好搬弄是非或明显在结党营私的人密切相处。

能帮不帮，只说风凉话

人不为己天诛地灭。有些人在职场中将这句话奉为自己的行事准则，有好消息不与人分享，即便是举手之劳也不愿帮助别人。

更有甚者，不仅不帮忙，还会说风凉话，久而久之，别人在办公室中也不会再搭理你。

案例讲述

小敏刚进入职场时和同事关系相处得比较融洽，后来为了提高自己的业绩与奖金提成，小敏在不知不觉中改变了自己温文尔稚、"好好先生"似的处事方法。

她不再热情地帮助同事，哪怕是举手之劳的小事也常袖手旁观，甚至，有时候还会对跟自己有竞争关系的同事冷嘲热讽。

渐渐的，小敏发现自己的人缘越来越糟糕，甚至，在公司中再也找不到可以一起闲聊谈心的友人。

直到这时，小敏才幡然醒悟，不应该为了一点点小利益就得罪了大量同事，使自己处于孤立无援的境地。

人一自私，同事们就不会跟你交心，更不会与你共享好处，甚至还会因为看你不顺眼而故意拖你后腿，如此一来你只会得不偿失。

在职场中我们不能太无私，人善被人欺！但也不能太自私，自私无人理！

如果在职场中遭遇自私的人，我们又应当怎样和对方相处呢？

◆不要和这种人有过深的接触，这样就能较少涉及利益问题，不会为之所伤。

◆当你因为这种人而遭受不公的待遇时，在有第三人在场的情况下，采用单刀直入的方法索要自己应得的利益。

◆请自私者协助工作时，应目标明确、内容清晰，并以书面方式存档。

◆当对方推诿问题时，不为其任何借口而动摇，坚持自己的原则，适当时还可找人仲裁。

■没理争三分，张嘴不饶人

职场中有一些人总是人无寸高、眼比天大，遇事不弄清原委就声嘶力竭地吼人，无理也要争三分，张嘴就戳人痛处，得理了更不饶人。

这种"炮仗"在职场中很容易得罪人，并且人际关系也常常很差，很难被人接受。

> **案例讲述**

珍珍是个小有名气的插画工作者，或许是艺术家的古怪癖好吧，她最不喜欢别人负面评价自己的作品，哪怕对方说的很有道理，她也会不依不饶地争执一下，反驳对方，以示自己的见解独特。

她甚至还敢和老板"呛声"，说对方打断了她的构思，破坏了她的灵感。久而久之，公司里不再有人喜欢她，当老板通过招聘找到了与她画风相似的新人时，珍珍立刻就被扫地出门了。

在职场中，如果你与人很不相同，很可能就意味着被孤立、排斥甚至驱离。

常言道："径路窄处，留一步与人行；滋味浓时，减三分让人尝。"遇事退让一步，有时反而会海阔天空，甚至获得意外的收益。

从另一方面来看，今天你得理不让人，下一次别人也不会让你，当对方处于优势时，你就必然会被欺负。

职场中为人处事，需要给人一个面子，为人着想，就算你真不想为别人着想，那也得为自己留一条后路。今天的对手，也可能成为明天的朋友，与人为善就是为自己铺路、积福。

那么，如果性格温和的自己在职场中遭遇了"暴躁凶狠"的待遇，我们又当如何呢？

◆ 遇上性情急躁的同事，自己需要保持冷静，不能与之对吵，要实事求是地与之交流。

◆ 当对方无理取闹时，可进行冷处理，比如借故离开，等对方冷静之后再回来。

◆ 有些人天生欺软怕硬，在必要的时刻可以直接给对方一个"下马威"，让TA知道你"不好惹"。

◆ 若对方是工作中不可或缺的伙伴，你就只能采取宽容的态度容忍他的脾气，接受对方的"坏嘴"。

> 骂不过，也只能忍了，没办法，工作第一！好在大家都能看到我的委屈，关键时刻会挺我。

■ 尊卑不分，热衷命令同事

有的人在职场中争强好胜，即便只是在同级同事中也极力维护自己的领头羊地位，喜欢用命令的语气对人说话，甚至要求平级的同事为自己做事。

这种人说好听点叫"争强好胜"，说难听点就是"尊卑不分"，相当地惹人讨厌。职场新人们，你们有没有犯过这种错？

案例讲述

小曾是个很好说话的人，一般不和别人争什么，久而久之她的同事小王就开始喜欢支使她。

小王总是顺口说："帮我复印一下这个，帮我把这个文件交给某某。"

小曾做着这些事，想要拒绝又不好意思开口，甚至有时候为了帮小王做事连自己的事都耽搁了，她心里很愤怒，为什么非要我来帮忙？有一次，小曾找着机会旁敲侧击地在上司面前给小王"上眼药"，委婉地说他懒。

上司其实平日里也将这些事情看在了眼中，当遇到一次重要的进修机会时，被公费派出去的自然是工作努力的小曾，而不是热衷于命令同事的小王。

职场中平级的同事之间，其实没有谁比谁高一等之说，和平共处、友好往来才是正确的处事原则。

咄咄逼人或者明明没有隶属关系还命令他人，除了自己捡便宜少做事之外，只会彰显自己的跋扈，使别人敌视自己。

那么，如果职场中的"老好人"遭遇了"伪领导"时，又应当怎样和对方相处呢？

◆满足对方的虚荣心，真诚地赞美他的优点，但是别帮他做事。

◆当对方独领风骚时可暂避锋芒，当他出现纰漏时，再抓住时机表现自己。

◆让对方自己的事情自己做，委婉地找借口推掉他的要求，或者可以故意拖延，他等不及那也就只能自力更生。

小曾，麻烦帮我复印一下文件。

我正在忙，过半小时好吗？现在真的不方便，不好意思。

自我测试：看人缘，判断沟通成效
Self Test

　　一天24小时，我们有8小时都身处在职场中和同事们相处。

　　占据了一天1/3时间的职场8小时，你是怎样度过的？有没有和同事相处融洽进而愉快地工作？

　　你是否想要学学如何跟同事良性沟通？

　　在了解与同事正确沟通的方法之前，先来看看你的人缘是怎样的吧。

LEARN MORE

■你容易得罪人吗？

　　你是否经常觉得自己被孤立？是不是经常觉得每一个人都对你有敌意？是不是觉得每一个眼光都充斥着轻蔑和不快？快测试一下，看自己在职场中会不会轻易得罪人吧。

【测试试题】

　　如果你抱着一个精美的玻璃制品（朋友刚送给你的礼物）小心翼翼地上了地铁，却有一个急着上车的人把你挤在了扶手上——东西碎了，而这个人竟然是你以前的邻居，这时你会：

　　A. 不管他是谁，大发雷霆，把对方骂得狗血淋头。

　　B. 算了！自认倒霉，只能气在心里。

　　C. 要求对方照价赔偿。

　　D. 安慰他说："没事的，不要紧。"

【结果分析】

　　选择A：你认为朋友只是暂时的关系，而真正给你安全感的是摸得到、看得到的财富或物质。或许你认为朋友不会比你心爱的东西来得重要。正因如此，你的朋友到最后都会成为你的敌人。

事实上，你对人际关系的需求不是很强烈，而是把人和朋友的价值放在东西之下。曾经是你朋友的人，或许都会渐渐地远离你。

选择B：你在处理人际关系时有点委曲求全，可能是对方的敌视会给自己带来心理压力和精神负担，所以当你遇到事情时愿自己退一步，以求大局和平。

像这种压抑自己来成全人际关系，心底却忿忿不平的做法，对自己其实是一种伤害，可能导致自我封闭，渐渐脱离人群，甚至真的被孤立。做出一些改变吧，遇到不公平的事情不能一味忍让。

选择C：你觉得你和所有的朋友都处于对等状态，没有谁该怕谁，谁该让谁的说法。因此，你的态度很客观，也很中立。这样的处事方法大多数人都可以接受，但是，有时候会显得不近人情，在不知不觉中会得罪人。

选择D：你是一个老好人，在处事时很尊重对方的自尊和价值观，让对方感受到他自己是一个很受重视的人。因此，他除了感激之外，通常还会把你当作他的朋友，以对等的态度回报你。

在你的观念中，人的价值是重于一切物质因素的。因此你在处理事情的时候，会不自觉地以客观的立场来考虑利害得失，这会让你拥有好人缘。

只有选择最后一项处事方法的人，才具有比较圆满的人际关系，不会有人对他有敌意。唯一需要注意的是，做人不能太"老好人"了，如果遇到对方损坏了公共财产这种原则性的问题，就丝毫不能妥协。

■测试你在公司的人际关系

职场中你会处理人际关系吗？做做下列测试，简单了解一下。

【测试试题】

公司新入职的员工不慎打破会客室的花瓶，这时你刚好走来，此时你会对她说：

A．先跟秘书谈谈，她会替你解决。

B．不要紧，我替你想办法。

C．坏了就坏了，管它呢。

D．董事长人很好，道个歉就行了。

E．这只花瓶好几万，真糟糕。

【结果分析】

选择A：为人谨慎，凡事会三思而行。

选择B：活泼型，社交力强，很有人缘。遇事考虑周到，受人倚重。

选择C：自恃甚高，不愿受人指使。不适合团队合作，是独当一面的行动派。

选择D：浪漫，易凭直觉思考问题，易情绪化。

选择E：经常急躁甚至怨恨，重财轻义，在处理人际关系的问题上不够圆滑。

■你的职场人缘好吗？

请你根据自己的实际情况，如实回答下面15个问题，然后对照后面的分数统计表计算分数，再看分数评语，你就会知道自己是否善于交朋友，以及人缘如何。

【测试试题】

1. 你和朋友们在一起时过得很愉快，是因为_____

A. 你发现他们很有趣，既爱玩又会玩

B. 朋友们都很喜欢你

C. 你认为你不得不这样做

2. 当你休假的时候，你_____

A. 很容易交上朋友

B. 比较喜欢自己一个人消磨时间

C. 想交朋友，但发现这不是一件很容易的事

3. 当你和一个朋友约好要见面但你却感到很疲倦时，你会_____

A. 不去赴约，希望他会谅解你

B. 还是尽力去赴约，并试图让自己过得愉快

C. 去赴约，但会询问朋友是否介意自己早点离开

4. 你和朋友的关系一般能维持多长时间？

A. 一般情况下有不少年

B. 有共同感兴趣时，可能会维持几年

C. 一般时间都不长，有时是因为迁居别处

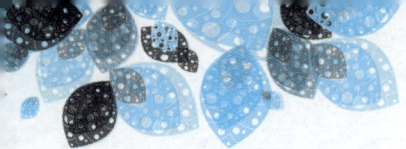

5．一位朋友向你吐露了一个非常有趣的个人问题，你会_____

A．努力不让别人知道

B．根本没有想过把它传给别人听

C．朋友一离开，你就马上找别人来议论这个问题

6．当你有问题的时候，你会_____

A．通常感到自己完全能够应付这个问题

B．向你的朋友求助

C．只有问题十分严重时，才找朋友

7．当朋友有困难时_____

A．他们会马上请你帮忙

B．只有关系密切的朋友才向你求肋

C．通常朋友们都不会麻烦你

8．你要交朋友时，是_____

A．通过你已经熟识的人

B．在各种场合都可以

C．仅仅是经过一段较长时间的观察、考虑，甚至可能经历了某种困难之后才会和对方交朋友

9．下列3种品质中，哪一种你认为是朋友应该具备的_____

A．使你感到快乐和幸福

B．为人可靠

C．对你感兴趣

10. 下面哪一种情况最接近你的实际情况_____

A. 我通常会使朋友们高兴大笑

B. 我经常让朋友们认真思考

C. 只要有我在场，朋友们会感到很舒服、愉快

11. 假如有人邀请你参加活动，或者在聚会上唱歌，你会_____

A. 找借口不去

B. 饶有兴趣地参加

C. 当场谢绝邀请

12. 下列哪项最符合你的实际情况？

A. 我喜欢称赞和夸奖我的朋友

B. 诚实最重要，我常持有与众不同的看法，讨厌鹦鹉学舌

C. 我不奉承但也不批评我的朋友

13. 在与人相处上·_____

A. 你只同那些能够与你分担忧愁和欢乐的朋友们相处得很好

B. 一般来说，你几乎和所有人都能相处得比较融洽

C. 有时候你甚至和对你漠不关心、不负责任的人都能相处

14. 假如朋友对你恶作剧，你会_____

A. 跟他们一起大笑

B. 感到气恼，但不动声色

C. 可能大笑，也可能发火，这取决于你的情绪

15. 假如朋友想依赖你，你有什么想法？

A. 在某种程度上不在乎，但希望能与其保持距离

B. 很不错，我喜欢让别人依赖

C. 我对此持谨慎的态度，倾向于避开可能要我承担的责任

【计分标准】

1. A 3分　B 2分　C 1分　　2. A 3分　B 2分　C 1分

3. A 1分　B 3分　C 2分　　4. A 3分　B 2分　C 1分

5. A 2分　B 3分　C 1分　　6. A 1分　B 2分　C 3分

7. A 3分　B 2分　C 1分　　8. A 2分　B 3分　C 1分

9. A 3分　B 2分　C 1分　　10. A 2分　B 1分　C 3分

11. A 2分　B 3分　C 1分　　12. A 3分　B 1分　C 2分

13. A 1分　B 3分　C 2分　　14. A 3分　B 1分　C 2分

15. A 2分　B 3分　C 1分

【结果分析】

36~45分：你对周围的朋友都很好，和大家相处得不错。而且，你能够从平凡的生活中找到很多乐趣，使生活充实而丰富多彩，你很可能在朋友中有一定的威信。总之，你很会交朋友，人缘不错噢。

26~35分：你的人缘不怎么好，和朋友们的关系不牢固，经常处于一种起伏波动的状态，你确实想让别人喜欢你，想多交一些朋友，但尽管你做出很大努力别人却不一定领情，朋友跟你在一起可能不会感到轻松愉快。

想要改变这种状态，需要虚心听取那些逆耳忠言，真诚对待朋

友，学会正确地待人接物。

15~25分：你很可能是一个孤僻的人，喜欢独来独往，性格阴郁。你并非不会交朋友，可能人缘也不差，可朋友并不多。其主要原因在于，你对社交活动、人与人之间的关系不感兴趣，甚至有些排斥与人交往。

请记住，一个人生活在社会中，不可能不和人交往，在职场中更不可能不跟人接触，你需要积极地改善交友方式，这样才能在职场立足。

通关宝典：与同事顺利沟通的方法
Best Solution

在职场中应当亲切但不过分亲昵地和同事沟通。
那么，我们怎样才能做到最大限度的让人人都满意的交流？
怎样才能应付难缠的同事？
怎样才能把握好职场中两性间的沟通分寸？
如果你不知道，通关宝典将告诉你。

LEARN MORE

■少一些抱怨，多一些赞美

在职场中使用恰当的赞美会使人心情愉悦，在获得对方好感的同时，可以使沟通更顺畅。

需注意的是，我们要把握好赞美的分寸。过度的赞美会显得虚伪；不恰当的赞美说了等于白说，甚至还可能弄巧成拙。下面就来了解一下赞美的技巧，如图6-1所示。

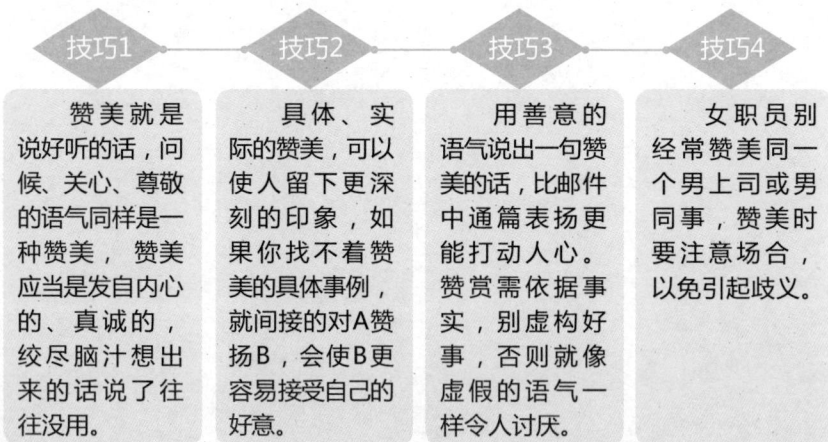

技巧1	技巧2	技巧3	技巧4
赞美就是说好听的话，问候、关心、尊敬的语气同样是一种赞美，赞美应当是发自内心的、真诚的，绞尽脑汁想出来的话说了往往没用。	具体、实际的赞美，可以使人留下更深刻的印象，如果你找不着赞美的具体事例，就间接的对A赞扬B，会使B更容易接受自己的好意。	用善意的语气说出一句赞美的话，比邮件中通篇表扬更能打动人心。赞赏需依据事实，别虚构好事，否则就像虚假的语气一样令人讨厌。	女职员别经常赞美同一个男上司或男同事，赞美时要注意场合，以免引起歧义。

图6-1 赞美的技巧

除了要时常将赞美之词挂在嘴边，我们还需要减少抱怨，其方法如下：

◆ 牢记自己是初来乍到，首先需要学习，工作不能挑挑拣拣，别羡慕同事比你轻松，薪水却更高，千万不要斤斤计较，人家毕竟资历老，经验足。

◆ 工作中出现了矛盾需从自身找原因，多做自我批评，这样能更加客观地评估事件，更容易找到矛盾的根源。

◆ 在对别人的工作没有全面了解之前，就没有发言权，少一些抱怨和委屈，少一些美慕、嫉妒、恨，说不定别人努力加班的时候，你正在玩呢！

◆ 要记住，抱怨会在团队协作中产生消极影响，会降低群体创造的价值，相对的也就降低了你自己创造的价值。只有能主动承担责任的人，才能得到不断的发展和提高。

■ 职场中要学会"不耻下问"

新人职场，你有没有遇到什么困难？当遇到难题时，你是否想要请教同事却又不好意思开口呢？

案例讲述

小倩大学毕业后到一家大公司任职文员，刚开始时工作比较简单，就是接听电话、打打字什么的，小倩都能应付。没两天，经理给了她一叠文件，要她发传真，并复印10份装订成册。

看看以前从来没用过的复印机和传真机，小倩傻眼了，这东西怎么用啊？她左右环顾，想问人，又不好意思开口，好在经理给的期限是下午完成，小倩利用中午午休时间，自己在网上查了查使用说明，又在复印室琢磨了许久，最后终于顺利完成了领导交付的任务。

其实，在工作中向别人请教问题是一件很正常的事，没必要那么害羞，若是因为羞于请教而弄坏了文件、搞坏了机器，最后还没能完成任务，绝对是得不偿失的。

那么，在职场中我们应当怎样向人提问呢？其要点如下。

◆以合理、真诚的态度提出双方能接受的问题。

◆在恰当的时机提出问题，不能过急或太慢。

◆提问的内容应符合时宜，恰到好处。提问时要清楚自己需要的是什么，根据目标提出有针对性的问题。

◆用不同的提问形式引导对方回答问题。

提问的形式有开放式和封闭式两种。开放式提问可以让对方自由地选择话题，封闭式则是由提问者选定话题，让对方在限定的范围内回答，两种方法的提问特点和利弊如表6-1所示。

表6-1　两种提问形式的比较

	开放式提问	封闭式提问
方法	体现开放式提问的疑问词有：什么、哪里、告诉我、怎样、为什么等。	体现封闭式提问的疑问词有：能不能、可不可以、对不对、是不是、会不会、几点等。
益处	了解需求、获得信息；避免自以为是，使气氛和谐；在对方不察觉的情况下打破僵局；给对方创造参与感。	获得具体的资料和信息；很快了解对方的想法；锁定对方的意图；确认听到的情况是否正确。
弊处	需长时间交流；对方不乐意、不打开心扉时无法顺利沟通；有可能偏题，得不到想要的信息。	容易自以为是得到正确的结论，需要问不少的问题才能够了解足够多的情况；可能制造负面气氛。

■影响同事间沟通效果的行为

在职场中不免要碰到各种各样的人，在与这些形形色色的人相处的过程中，有的人能够很快融入团队，有的人却总是遭人嫌弃，究竟是什么行为造成了这样的后果呢？

案例讲述

小江是个新婚不久的年轻女孩，在进入职场后不久，她的婚姻状况就出现了小问题，心情压抑的小江常常在办公室谈论自己的私人生活，向同事们倒苦水，久而久之，大家都像对待"祥林嫂"一样，看见她就躲。至此，小江不仅家庭生活不顺，连工作也无法正常开展了。

职场中有些行为会影响沟通效果，甚至影响你的人际关系，请了解一下，然后避免自己在工作中"犯错"！

◆忌举止粗鲁。文雅的谈吐、优雅的举止才能使你获得友谊，并顺利地与同事沟通。粗鲁的表现，只会让人敬而远之。

◆在职场中应当克制自己的不良情绪，乱发脾气的人永远不会受欢迎。除非你是老板，并且不怕员工集体辞职。

◆别不负责任地传播流言、搬弄是非，更不能幸灾乐祸，甚至把同事的隐私当作自己的谈资。

◆学习上可以打破砂锅问到底，但在工作交流中，若别人有话不肯全盘托出，而你硬要上下探听那就容易被人厌恶。

◆与同事相处别随随便便乱开玩笑，特别是不能在大庭广众下讲有伤对方颜面的话。

别问了好不好？我真不想告诉你！

145

◆讲自己的私事需有度。在工作场合稍微说说家里私事其实是一种拉近同事之间感情的方式。但若你像蚌壳一样绝口不提自己的任何私事，会给人一种不通人情、不值得信任的感觉。相对的，若说得太多，则会使人厌恶，觉得你不够"职业"。

◆经常明知故问或知而推说不知的人在职场中也不怎么受欢迎，斤斤计较的人容易失去同事的信任和支持。

◆如果和同事成为朋友，别在工作场合显得过于亲密，这会让人觉得你们"拉帮结派"。

在职场中与人沟通时，需遵守一个原则：尽可能地去接受别人、赞同别人、重视别人。这样有助于提升你的沟通力。

■如何应对难缠的同事

在职场中不可能每个同事都和蔼可亲容易相处，有时候，我们可能会遇到一些难缠的同事，下面就提供几个应付难缠同事的方法，如图6-2和图6-3所示。

敏感多疑者

多赞扬、少挑刺，避免在公共场合提出负面意见，不使用"有点"、"仿佛"等模糊性的词语，避免他自己"脑补"负面的内容，强调自己只是就事论事，不针对任何人，不要轻信多疑者说的话，或许他自己添油加醋地加工过。

悲观抱怨者

弄清楚对方的负面看法是凭空猜想还是有理有据，不因为负面情绪影响工作。如果对方抱怨的内容跟工作相关，需立即作出回应与改善；如果是与工作无关，听听就忘掉吧。

图6-2 应付难缠同事的方法（一）

独行冷漠者

不强迫对方参与公共聚会或活动，各人自扫门前雪，或者用电话、网络等沟通方式与之交流，尽量避免面对面的交谈，提问时多选择开放性的问题，促使他们更多地讲话。

口蜜腹剑者

保持距离，别熟悉、别交好，避免与之共同完成工作，万一躲不开必须一起完成任务，切记要在一开始就依次留下对方认可的书面工作记录。

马屁精

和和气气地与之相处，不可为敌，能不得罪就别罪。

尖酸刻薄者

保持距离，不要惹他，万一不小心被对方"刻薄"了也别回应，公道自在人心。

夸夸其谈者

这种人比较无害，只是有时候话多。不要无条件地接受对方命令，有空闲时可以听听他的主张，在合适的时机，可将他的言论细化之后，成为自己的实施方案。

图6-3 应付难缠同事的方法（二）

职场中难缠的人有很多，因篇幅有限在此无法一一列举，总之，我们在与不好相处的同事沟通时可把握以下原则：

太可怕了，怎么会有这么讨厌的人？！
地球太危险，我要回火星！我躲，我躲，我不惹你，你也放过我吧！

◆尊重：倾听对方意见，多做沟通，不背后议论他人。

◆合作：在职场中积极主动地与同事交流，必要时给予对方支持，根据对方的性格特点，决定自己的应对方法。

◆理解：用宽容、豁达的心态面对别人的刁难。

◆回避：惹不起躲得起，面对无法理喻的同事，可以暂避锋芒不与之直接接触。

我们不可能在职场中与所有人都成为朋友，对于一些自己难以忍受，或者对你冷淡的人，别因为不能与之成为朋友而苦恼，保持正常的工作关系即可，职场中，最关键的还是工作。

■职场男女同事沟通窍门

职场中两性之间的相处其实是最复杂的，稍有不慎就可能惹火烧身。

不想谈恋爱的有可能遇上烂桃花；想谈恋爱的有可能因为三角关系破坏友谊。因此有些公司压根就禁止办公室恋情。

案例讲述

广告公司中的设计师艾米和客服莉萨原本是公司中的一对黄金搭档，莉萨拉客户，艾米谈方案，中途莉萨与客户拉私下关系，艾米再从专业角度"郷住"对方。

这么一个流程下来，两人的业绩几乎月月名列前茅。遗憾的是，某次，两人同时看上了新进入公司的年轻英俊的副总，为了"抢夺"这男人成为自己的男友，艾米和莉萨渐行渐远，最终导致关系破裂。

尽管后来得知对方是已婚人士，两人都没戏，可她们的关系却再也无法回到从前了。

职场中和异性相处，如果我们的目的是吸取他人的长处，则可以从工作伙伴身上学到有助于自己发展的东西。如果夹杂了其他非分之想，则可能害人又伤人。

那么，在职场中，男女同事之间的相处有没有什么窍门呢？女性应该在职场与男性这样沟通：

◆ 在男同事有什么不合理的言行时，私下告知对方最佳，别伤了对方的面子。

◆ 说话时应提高音量，别脑袋凑在一起低声嘀咕。

◆ 避免谈论问题的时间过长，着重讨论如何解决问题。

◆ 避免漫无边际的闲聊，直接切入中心。

◆ 不要太在意对方的高谈阔论或批评。

男性在职场要想与女同事有更好的沟通应注意下列事项：

◆ 女同事对你说话时要全神贯注地聆听，犯错误时主动道歉。

◆ 不要打断女同事说话或是替她们把话说完再或者贬低她们的构想。

◆ 举例时不要老是提运动和战争。

此外，还有一个通用的准则，就是保持适当的距离。

因为性别不同而刻意疏远，不是明智之举，但是，我们也不能过于依赖、帮助或亲近异性。

不与某个异性发展为比其他异性更亲密的关系，将行为和言语两方面的距离保持为不远不近，用大方、不轻浮的态度处事，才是职场中两性间的沟通之道。

■ 沟通不仅需要嘴，还需要记录

在职场中流行这么一句话："没有记录等于没有发生。"

也就是说，我们在与同事交流时，不仅要使用言语，还得记录在案，形成文字，这样不仅能避免遗漏和错误，还能有效地提高沟通的执行力。

相对口头沟通，书面沟通的优势如下：

◆有利于信息的充分、准确传播。

◆白纸黑字可以防止 "口说无凭"，避免信息接受者事后抵赖，同时还可以给对方带来一种任务重要的压力，迫使其准时完工。

◆尽量与同事或其他部门进行书面语言沟通，这样做能避免遗漏重要信息。

■同事间沟通的常规手段

运用合理手段才能保证沟通的顺利进行，那么，怎样才能提高沟通的效率？其要点如下：

◆公司同事和各部门之间应时刻主动沟通想法，不要事到临头才迫不得已地开口。

◆尽量减少沟通过程的中间环节，面对面地直接交流比绕圈子更有效率。

◆双赢的合作才是沟通的目的，前期投入了感情与精力的交往对象，才能与你相互协助。

◆找到双方共同的利益点或关系人，用友好的态度、得体的语言进行交流。

◆主动和同事、同级部门人员沟通，主动了解工作情况，保持交流关系。

职场工具箱
Workplace Toolbox

　　前面，我们介绍了在职场中与同事沟通的方法。还提到了可以通过书面的方式更高效、可靠地与人沟通。那么，我们应当怎样具体进行操作？下面就为大家提供一些职场必备的知识、技能介绍。

LEARN MORE

■ 电子邮件撰写技巧

　　在职场中，人们常使用电子邮件与同事交流。撰写电子邮件也有一定的技巧与注意事项，下面就进行简要介绍：

◆ 避免将部门内部的工作安排抄送给职位过高的上级；普通的工作交流内容不需要抄送给部门经理；避免将同一个主题的讨论内容多次反复发给全部团队成员。

◆ 商务邮件一定要注明标题，否则对方可能会延迟阅读，甚至将其当作垃圾邮件删除。

◆ 发送电子邮件时一定要在正文中按照常规的通信格式用客气的抬头称呼对方，以示礼貌。

◆ 撰写邮件正文时需层次分明、内容具体，避免拖沓。

◆ 若发送的邮件含有附件需在正文对附件内容进行简要说明，避免收件人打开附件才能得知沟通详情。

◆ 邮件附件需避免过多、过大。

■使用MSN等网聊工具的注意事项

职场中可使用飞鸽、QQ、MSN等聊天工具与公司同事进行交谈或发送文件，在使用这些工具时有一些注意事项需了解，其主要内容如下：

◆避免长期只通过文字进行沟通，回避直接交流，长此以往将越来越依赖网聊，现实中的人际沟通会变得淡漠，甚至可能出现脱离现实等情况。

◆过于放松地与人在网络中交流，会使人觉得不够严谨、不够职业化。

◆频繁地更改QQ签名等心情展示，会使别人觉得你不够成熟，某些过于私密的签名还会透露出负面情感。

第7章

控制情绪巧减压

在职场中能影响一个人前进或后退的因素，除了工作能力、处事方法、性格、交际能力之外，还有情绪。

试想，一个能力很强的聪明人，却性格孤僻，甚至有时候固执而急躁，易怒而情绪不稳定，那么他能与周围同事很好地沟通吗？同事们能接纳他，并且喜欢和他共同探讨问题吗？上司敢把重要客户交给这么一个爱乱发脾气的人吗？

答案显然都是否定的。在职场中我们需要控制情绪，减轻压力，轻松愉悦地进行工作，这样才能高效地完成任务。

那么，我们应当怎样操作呢？请往下看吧！

隐藏陷阱：坏情绪是职场进阶的天敌
Hidden Trap

没有谁是纯粹的乐天派，一年到头不见一点坏情绪。但身处于职场中即使是心情不好也不能随意向外发泄，因为，这会影响你的职场进阶。

"损人嘴"、"扑克脸"、"火药桶"，都是坏情绪的表现。

你有没有把这些情绪带到办公室？

你在职场中会因为坏脾气犯错吗？

LEARN MORE

■职场不是出气筒，同事不会由你损

有的人天生急躁，与同事交流时常常是"话不投机半句多"，更有甚者开口就喜欢损人，甚至有时还会不分青红皂白地骂同事。

案例讲述

某日下班后，小莫看到临桌同事文丽的办公桌有些杂乱，出于好意就顺手帮她规整了一下。

次日，在家里受了委屈本来就憋了一肚子火的文丽一看到自己的桌面就开始质问究竟是谁动了她的东西。当小莫承认是自己帮忙稍微整理了一下之后，文丽立刻一脸怒气地大声训斥道："谁让你乱动我的东西？！拍马屁找别人去，我可不接受！乱碰什么？别把我东西弄丢了！"

小莫被她这么一通骂弄得特别尴尬，明明是出于好意，没想到对方不领情不说，还损得那么刻薄！至此之后，小莫再也不搭

理文丽了，甚至还会有意无意地在别人面前倒苦水。

久而久之，性格火爆的文丽在办公室中的人缘越来越糟糕，最后不得不黯然调职。

其实，虽然出于好意但小莫私自挪动文丽的办公文件，确实不算有理，如果文丽先感谢对方再委婉地指出这种做法她不太能接受，那么这件事情根本不会发展为两人之间的矛盾。

可惜文丽把家里的火拿到了办公室来"放"，这才"引火烧身"。职场可不是你"出气"的地方，大多数同事也不会甘心任你揉捏，控制好自己的臭脾气才是正道。

只要掌握一些正确的方法，就可以很好地驾驭自己，控制好自己的情绪。例如，我们可以暂时回避刺激性信息，把注意力、精力投入到另一项活动中，即可缓解情绪，避免在"气头上"冲同事发火。

> 我们不仅不能将家里的火拿到办公室发，而且最好也别把在办公室受的气堆到家里冲自己家人宣泄。这两种都不是什么好办法。应当控制情绪，找到好方法合理进行宣泄。

■麻木"扑克"脸，幻想自己是冰山

言情小说中有一类男主角被称为"冰山男"，这种人像冰山一样，脸上几乎从来不见表情，话语很冷，不仅没幽默感，甚至还可能很"冻人"。

这种人或许在"言情小说界"很受欢迎，可那木讷的表情，欠缺抑扬顿挫的言辞，在职场中却会给人一种离群感，甚至是古怪感，很少有人会喜欢和"冰山"密切共事。

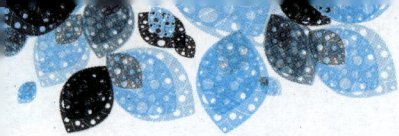

面对这种人时，大家常常会觉得茫然无措，会觉得自己的努力得不到对方的认可与反馈，因而想要通过远离这种"冰山扑克脸"来远离这种迷茫感觉。

案例讲述

欧阳景岳天生是个冷性子，不喜欢笑，偶而说话还有点"冲"，在和平级同事产生分歧时，他说话的语气总是不太顺耳。

他一直认为只要自己工作能力强，人冷一点无所谓，可经济危机时，公司裁员，欧阳景岳第一个就被裁了！他很是惊讶甚至气愤，冷冰冰地问上级为什么裁他。

"无法与人协同合作，在团队中不能作出应当的贡献"，这就是他被炒鱿鱼的原因，归根结底其实就是因为他"体质太冷"。

微笑是友好的代名词，一个淡淡的笑容可以使我们的工作环境变得温暖和谐。

当你有求于人或者希望与人搞好关系时，别忘了让嘴角稍微向上翘一翘。

> 我经常在办公室笑啊，为啥大家还是不怎么喜欢我？

> 拜托，不当冰山也不是让你当傻大姐啊！哪能随时大笑嘛！

需注意的是，在辩论、权力竞争等情况下，微笑不会轻而易举地为我们带来他人的认可，反而有种气弱的感觉，有时还会产生消极的影响。在商业谈判中，时而冷面一言不发，或者面无表情地质问对方，或许更容易为自己争取到应得的权益。

■睁开眼，你看到的只是"灰色"

有一些人在职场中情绪总是很低沉，带着点抑郁的倾向。每个星期一都会觉得难受，临近周末就会变得高兴；在公司常常苦笑，一走出办公楼却往往会变得欢天喜地。

这种状况，用一句时髦的话来形容就是"上班的心情比上坟还沉重"。

案例讲述

小牧是某公司年轻有为的业务骨干，月收入相当不菲，当然，他工作也非常卖力，经常兢兢业业地加班，不迟到、不早退，甚至也不轻易请假，生怕丢了业务，少了奖金。

真是受不了啊，越来越觉得工作很烦，压力山大！这鬼日子，什么时候能到头？

可日复一日地这么辛苦工作着，他渐渐觉得心力交瘁，一会儿觉得客户难缠，一会儿又觉得公司同事想挖自己的资源。于是，他渐渐变得非常抑郁，经常闷闷不乐地发呆或胡思乱想。

小牧觉得只要一跨进单位大楼连天空好像都变得灰暗了。

在职场中，工作不如意、工作压力大、人际关系紧张、加班、完美主义倾向等都可能造成心情的抑郁。轻微的抑郁并不可怕，但在严重情况下，抑郁情绪也可能转化为抑郁症。

我们要引起重视，尽量将抑郁的苗头掐死在萌芽状态。首先，我们要知道抑郁有哪些表现。

◆对工作难以提起兴趣甚至感到厌倦，常常身心疲惫。

◆对自己工作的意义和价值评价下降，对前途感到无望，凡事总往消极方面思量，不抱任何希望。

◆ 不愿起床、常常迟到、早退，甚至觉得上班时间过得非常缓慢，期盼早点下班走人。

◆ 工作时拖拖拉拉，就算领导催促也无法按时完成任务。

◆ 对工作丧失信心，缺乏安全感，经常产生跳槽或转行的念头，或者认命地当一天和尚撞一天钟。

◆ 一想到工作就食欲不振甚至失眠，或出现记忆力衰退、头痛等症状，严重者甚至肠胃失调、常生溃疡等。

通常职场人士出现抑郁情况都与工作环境适应不良、人际关系紧张、就业和工作压力等有关。

比如，公司内部竞争激烈，业绩要求高，没有可信任的工作伙伴，频繁调动工作地点或改变内容工作等，都很容易引发职场抑郁。

我们在知道抑郁的表现以及形成原因后，就可及时发现自己的不正常现象，针对性地改变这种状态。

◆ 彻底了解自己的性格，发掘自己的优势和潜能，从事最适合自己的工作。

◆ 抑郁不可怕，可以通过调整状态、舒缓心情慢慢改善。

◆ 制定计划表，坚持正常的工作进度，在规定时间内完成规定的事情，不要拖延，我们通常都是越拖越不想干。

◆ 有计划地做些自己感兴趣的事情，特别是能够使你获得快乐和自信的事，寻找朋友倾听你的苦闷，开导并鼓励你。

◆ 维生素B$_6$、维生素B$_{12}$、维生素C等维他命的缺乏也会导致抑郁，职场人可以通过食物补充来改

善这一状况。此外，有氧运动也可以改善情绪，减轻焦虑、增进食欲、提高睡眠质量，这样也能侧面缓解情绪。

◆在工作闲暇时需学会适当放松减压，晚上注意休息，睡眠不好的人也会情绪低落。

■职场低气压，快乐办公环境被"压"走

据调查表明，超过四成的职场人士认为公司气氛压抑是令人工作倦怠的一个主要原因。

职场低气压，比大自然的低气压更让人难受，当快乐的办公室环境被"压"走，很多人都会觉得自己效率低下，甚至不思进取不想工作。

案例讲述

小琴在一家管理严格的私企工作，薪水待遇什么的还不错，可就是上班时的气氛很压抑。

大家在办公室隔间里各自干着手里的活儿，办公室里很安静，同事间不交头接耳，除了上厕所、倒水不能随意在办公室里走动，电话一律调成静音，接电话不能超过2分钟，就算是询问同事问题都得"咬耳朵"。

小琴觉得她们公司办公室里已经安静到有人突然打个喷嚏，其他人都会被吓得一抖的程度。某日，她突然觉得这样战战兢兢的工作实在是太折磨人了，非常想辞职。

职场低气压会限制个人思维发展，情绪不好工作就很难有进步，甚至会有心力衰竭的感觉，很多人都想快点离开这种鬼地方，可有时候又舍不得高薪或者便捷的环境。

那么，除了辞职，我们还能怎么做呢？

◆ 如果办公室安静不是领导的要求，气氛压抑也不是工作的需要。那么，你可以尝试在休息时间与人交谈。

◆ 可以在休息时间轻声放一些舒缓优美的音乐。就像将热水泼入冰中，会激起大家的激情。

◆ 如果只是自己认为目前工作枯燥乏味，同事们情绪却并不低沉，那就需要尽快确定自己的职业方向，重新找到工作激情。

◆ 一个良好的工作环境可以创造更多的财富，如果领导并非是刚愎自用的"牛脾气"，你甚至可以在休息时间开玩笑似的跟他提出一些建议。

　　如果工作环境一直如此压抑，跳槽其实也不是件坏事，但不能逃跑似的盲目跳槽，而是要根据对方公司的实际工作环境、提供的条件，对比自己的能力后，评估对方公司是否适合自己发展，深思熟虑之后才能跳槽。

自我测试：解剖一下，了解自己的职场情绪
Self Test

　　不愉快的情绪会阻碍你顺利工作，想要高效地完成工作，顺利地适应职场，我们必须认识自己的情绪，只有认识了，才能去调整它。

　　什么东西影响了你的情绪？

　　你目前的职场情绪是怎样的？

　　测试一下，看看你的职场情绪是怎样的吧。

LEARN MORE

■什么东西影响了你的职场情绪？

　　想知道在职场什么会影响你的工作情绪吗？请回答如下问题。

【测试试题】

　　如果你是一个爱情信徒，为了爱情，你愿意付出的最高的代价是什么：

　　A．寿命减少　　B．智商超低　　C．贫困度日　　D．众叛亲离

【结果分析】

　　寿命减少：你希望人生时时充满惊喜，所以不太看重待遇或工种，重要的是有一个能自由发挥、表现实力的舞台，如果不能成为众所瞩目的主角，你就会觉得压抑难受。

　　智商超低：在工作中你拥有斗志甚至不吝惜于加班，但要是觉得没遇到伯乐或没得到应有的赏识，你的工作热情便会渐渐减少，甚至会选择离开这家公司。

贫困度日：在你看来，上班只是谋生的手段，你最在意的是待遇问题，工资、合理假期都不能少，如果福利不好，你的工作状态就会变糟糕。

众叛亲离：你或许缺乏安全感，所以如果工作不能满足你的需求，或是让你觉得不牢靠，你的情绪就会受影响。

■ 测试你目前的职场情绪如何？

做做下列测试，简单了解一下你目前的工作状态吧。

【测试试题】

如果有一天你发现相恋多年的爱人背叛了你，你会选择：

A．借酒浇愁或以泪洗面

B．做出同样的事报复他/她

C．非常愤怒，立刻分手

D．不愿相信

【结果分析】

A：你踏实勤奋，认为只要努力工作，总有一天会出人头地。

B：你虽然跟同事相处融洽，但对工作很不上心，每天总想着去哪里吃喝玩乐。

C：你对现在高不成、低不就的地位感到不耐烦，看着别人被陆续提拔，对老板心怀抱怨。

D：你个性单纯，对职场中的处事学问有些茫然，可能正为纠结的人际关系烦恼不已。

■心理抗压能力测试

心理压力能影响人的工作状态和身体状态，必须引起注意。认真回答下列14个问题，你将知道你的心理抗压能力，便于及时作出调节以减少不良影响。

【测试试题】

1．你是否有一个温暖和睦的家庭？

A．是　　　　　B．否

2．你的兴趣是否广泛？

A．是　　　　　B．否

3．你是否有几个好友，并会经常和他们在一起会面叙谈？

A．是　　　　　B．否

4．你的体重是否在"理想体重"上下2.5千克以内？

A．是　　　　　B．否

5．你每周能否参加3次以上某种形式的彻底放松的活动？

A．是　　　　　B．否

6．你每周内是否能进行30分钟以上的体育活动？

A．否　　　　　B．活动1次

C．活动2次　　　D．活动3次

7．你每周是否至少有一次有益健康、营养平衡的膳食？

A．是　　　　　B．否

8．一周内是否有过使你感到高兴的事？

A．否　　　　B．1次　　　　C．2次　　　　D．3次

9．在家里，是否有一个使你感到舒适放松，或可以静处的环境？

A．是　　　　B．否

10．在日常生活中，你是否能掌握合理安排时间的技巧？

A．是　　　　B．否

11．你是否每天抽烟？

A．否　　　　B．1包　　　　C．2包　　　　D．3包

12．你是否需要药物或酒类帮助你入睡？

A．否　　　　B．每周1次　　　C．每周2次　　　D．每周3次

13．白天，你是否需要用药或酒类减轻你的焦虑或使你镇静？

A．否　　　　B．每周1次　　　C．每周2次　　　D．每周3次

14．你是否有将工作带回家晚上做的习惯？

A．否　　　　B．每周1次　　　C．每周2次　　　D．每周3次

【计分标准】

1．A 10分　B 0分　　　　2．A 10分　B 0分

3．A 10分　B 0分　　　　4．A 10分　B 0分

5．A 10分　B 0分　　　　6．A 0分　B 5分　C 10分　D 15分

7．A 10分　B 0分　　　　8．A 0分　B 5分　C 10分　D 15分

9．A 10分　B 0分　　　　10．A 10分　B 0分

11. A 15分　B 10分　C 5分　D 0分

12. A 0分　B 5分　C 10分　D 15分

13. A 0分　B 5分　C 10分　D 15分

14. A 15分　B 10分　C 5分　D 0分

【结果分析】

50分以下：你的抗压能力很差，建议去做心理咨询。

50～70分：你的抗压能力一般，也就是说，通常情况下能够较好应对压力。

71～90分：你的抗压能力比较强，稍加注意还会更好些。

100分以上：你的抗压能力相当强，心理素质也很好。

最近心情太压抑了，工作不好做，好想辞职走人啊！

辞职到别的地方还不是一样，不如自己好好调整一下状态啦。

评估自己的压力水平

随着社会的不断发展，人们需要面对的工作和生活压力日益增加，我们可以试着评估一下自己的压力水平，看看是否需要引起注意与重视。

【测试试题】

1. 觉得手上工作太多，无法应付。

2. 觉得时间不够用，所以要分秒必争。例如，过马路时闯红灯，走路和说话的节奏很快速。

3. 觉得没有时间消遣，终日记挂着工作。

4．遇到挫折时易发脾气。

5．担心别人对自己工作表现的评价。

6．觉得上司和家人都不欣赏自己。

7．担心自己的经济状况。

8．有头痛、胃痛、背痛的毛病，难于治愈。

9．需要借助烟酒、药物等抑制不安情绪。

10．需要借助安眠药入睡。

11．与家人、朋友、同事相处时易发脾气。

12．与人倾谈时，会经常打断对方。

13．上床后觉得思潮起伏，很多事情牵挂，难以入睡。

14．工作太多，不能每件事做到尽善尽美。

15．当空闲时轻松一下也会觉得内疚。

16．做事急躁、任性而事后感到内疚。

【计分标准】

以上16道题中所述情况从未发生 0 分；偶尔发生 1 分；经常发生 2 分。

【结果分析】

0～10分：你的精神压力程度低，但可能生活缺乏刺激，比较简单沉闷，个人做事的动力不高。

11～15分：你的精神压力程度中等，虽然某些时候感到压力较大，但仍可应付。

16分或以上：你的精神压力偏高，应反省一下压力来源并寻求解决办法。

通关宝典：认识、调整你的情绪
Best Solution

在知道了坏情绪的不良后果以及测试了自己的情绪状态之后，接下来我们需要进一步了解职场的压力来源。

你知道怎样才能战胜冲动的情绪吗？

你知道怎样才能构建积极的职业心态吗？

如果你不知道这些方法，那么，通关宝典将告诉你。

LEARN MORE

■识别压力来源的6个出处

调查表明，在一些大中型城市，有将近一半的职场人表示自己目前的工作压力很大。有来自同事的压力，来自老板的压力等等，各种压力汇聚在一起，让人觉得很是难受。

案例讲述

小倩大学毕业后到了一家大公司任职文员，刚开始工作时，由于领导布置的一些工作自己以前从没接触过，工作起来很是吃力。她渐渐地开始紧张，怕自己被炒鱿鱼。

当逐渐适应工作后，小倩的攀比心理又开始慢慢萌生，例如，同事间谁的工作得到领导肯定了，谁更得领导喜欢，谁的奖金比自己多，谁穿的衣服更大牌等，都会引起她的关注。

随着在公司里接触更多的事务与同事间更深入的了解，她不仅没能如鱼得水地适应职场，反而觉得压力越来越大。

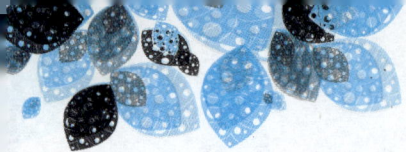

　　其实，在工作中我们时常会遇到一些烦恼，有些烦恼过后就会被抛之脑后，有些却会成为我们压力的来源。

　　压力不是源于外界刺激，而是源于你自己对外界刺激的反应，我们要意识到这一点，并且意识到压力无法逃避，我们只能去学习如何控制压力。

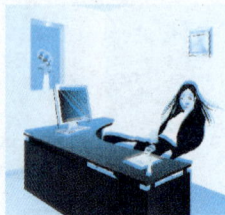

　　静下心来，好好想想压力的来源，从正视压力开始，培养自己对压力的耐受力，减少对外界刺激的敏感反应程度。这就是最好的减压方法。

　　那么，我们职场压力的来源主要有哪些方面呢？这里归纳了几条常见的职场压力来源，如图7-1所示。

工作负荷

　　当每天的工作量不断增加，当上司要求你在短时间内完成很多任务，当你背负着众多目标、计划和指标，当你每天工作12个小时以上……压力自然而然就会找上你。

人际关系

　　有人的地方就有江湖，每个单位都存在复杂的人际关系。如同事之间互不信赖、下属对上级的误解、言辞不当引起不和睦等。处在这些乱局中，怎能不疲惫？

"贪欲"压力

　　对金钱、财富心存过高欲望，急切地渴望升职加薪，这会使大脑神经长期处于紧张状态。更可怕的是当这种渴望不能顺利达成时，人们的心情会越发低落、压抑，甚至是痛苦。

新人的冲击

　　所谓长江后浪推前浪，前浪死在沙滩上。随着社会高速发展，新人涌入职场，职场"老人"怕自己被取而代之，自然会觉得压力变大。

自卑引起困扰

很多压力其实很可能是我们自找的，例如频繁更换工作时容易对生活中的细节耿耿于怀；收入增加后工作成就感可能下降，反而会增加抱怨或关注于金钱反而忽略了工作本身；工作被肯定的情况下，又可能担心突然被裁员；年龄增长也可能导致恐慌，觉得自己能力精力或许会"衰退"。

图7-1　了解压力的来源

■实施自我压力管理的5个方案

身处职场不免会有压力较大的时候，在了解了压力来源后，我们可以尝试通过一些方法为自己减压，其方法如下。

◆**正确评估自己**：要知道自己的弱点和强项，别一遇挫折就气馁，一有成绩就骄傲，职场需要拥有平和的心态，以平和的心态来面对职场中的风雨，才能目标明确地稳步前进。

◆**少些感情用事**：其实压力和恼怒大部分都是自找的。性格偏激的人容易出现各种有害的应激状态，为"莫须有"的事情敏感纠结，例如，为同事一个很随意的眼神气愤，为一件简单的工作纠纷大发雷霆等，这种状态于人于己均不利。我们要学会宽容与理解，学会把自己的心放宽，心宽了，天空才能更广阔。

◆**学会适应环境**：所谓人挪活树挪死，人的适应性是很强的，要学会"入乡随俗"，提高自己的社会适应能力。尽力在不同的环境学会不同的工作、处事方法，要与周围的人步调一致，否则会被他人排挤，自己也会觉得累。

◆**知足者常乐**：我们需要不断地扩展自己的知识面并提高自己的工作能力。但对物质生活享受应知足，不要过分地追求薪水、职位等东西，太爱攀比，心理会失去平衡。告诉自己只要有进步就好，别一直和旁人相比。

◆ 多点人际交往：古代离群独居的人就意味着生命安全无法得到保证，"群居"，这是一种已经融入我们血脉的基因，长期独处的人会感到孤独和抑郁。因此，我们需要与人多沟通交际，与好友聊天、诉说心情、分享消息、一起购物进食等，这些方式都能帮助都市职场人释放内心的压力。

■ 战胜冲动情绪的5个法宝

在职场中难免会有情绪冲动的时候，我们要学会控制自己的情绪，这里介绍几个战胜情绪冲动的方法，如图7-2所示。

运动控制情绪

每周3次，每次20~60分钟的运动，长期坚持后有明显减轻抑郁、提升情绪的效果。运动还能刺激迷走神经，提高身体对压力的耐受能力。生气的时候别跟人发脾气，去运动一下，心情就会好很多。

全神贯注地做别的事情

当你烦恼时，别去纠结那个让你有吐血、咒骂冲动的事情，转身做别的去，比如泡咖啡、烤小饼干、画画、弹琴之类的，投入到别的事情中去忙碌，可以帮助你暂时忘记工作上的烦恼。

冥想变心情

在最压抑、最暴躁，即将大悲或大怒时，可以找个安静的地方，深呼吸几次，花一点时间来认真梳理负面感情，每一条都从正反两方面想一下，不要去评判或强行抑制这种情绪，而是疏导它。这也是一种改变情绪的方法。

在疲累前休息

经济危机导致大家工作量上升、压力增大，长期积累的疲倦会使身体处于亚健康状态，甚至还会影响情绪。我们应该在感到精疲力尽之前就休息，这样才能快速恢复精力，获得好情绪。如果等到透支之后才放松，这时情绪已经开始糟糕，身体状况也已走了下坡路。

接受坏情绪

当坏情绪来临时，越抗拒它越可能成为巨大的压力。我们要学会接受它，任由它来了又走，自己巍然不动，平静地痛苦，之后继续做自己该做的事情，不再想已经发生的事情。

图7-2 战胜情绪冲动的方法

■五步宽恕法改变情绪

职场中当别人惹怒了你时，你要学会宽恕。宽恕对方，其实就是放过自己。放过自己，才能让自己回归好的心情。

那么，怎样才能宽恕对方、放过自己呢？临床心理学家研究出了一种五步宽恕法可以帮我们达到目的，其内容如图7-3所示。

我宽恕你了，我放松快乐了！

① 回忆你所受到的伤害，要客观而真实，不能自哀自怨也不能放大对方的过错。

② 尝试从对方的角度去理解他，试想他为什么会这么做，构建一个故事告诉自己他不是故意伤害你、激怒你。

③ 回忆你曾经受到别人宽恕的一件事，重温当时那感激、放松的心情。

④ 用不同的方法去表达自己的宽恕，例如写日记、写博客、向别的朋友倾诉等。表达出来之后，宽恕后轻松了的感觉会更明显。

⑤ 保持宽恕的心情，宽恕不是遗忘，只是要提醒自己不可以"复仇"，别再纠结，别去回忆你受的伤害，而是向着光明的前方瞭望、前进。

图7-3　五步宽恕法

■找到出气筒发泄怒火

有不少人都经历过在职场中受了气想发火却又不敢冲同事、上司发的情况，可憋了一肚子火回家，又没办法自己调整心情"吸收"掉的时候，该怎么办呢？

案例讲述

编辑小金因为别人的过错无故被上司骂了，她很是郁闷，想要发泄又找不到途径，就那么一直憋在心里。之后很长一段时间，她一看到上司就心里不舒服，一看到那个"害"自己背黑锅的同事，也会难受。久而久之，这种负面情绪甚至有些影响她正常工作的开展了！

因为一时的委屈、愤怒而影响了自己的工作甚至生活，这绝对是得不偿失的。

我们应当想办法将愤怒发泄出来，这样才能回归平和的心情，这里提供几个发泄愤怒的方法，如图7-4所示。

找到适合你的出气筒

踹枕头、揍棉被、咬鸡腿、摔靠垫、撕纸之类的行为，可以帮助你发泄怒火，缓解心情。

靠阅读好看的小说来分散注意力，当你全身心投入到阅读中时，就能够忘记烦恼、缓解情绪。

看恐怖片，感受压力更大的状态，通过听觉、视觉的强烈刺激，使肾上腺素分泌，产生兴奋感，进而缓解压力。

舒适地平躺在床上，双手握拳，举右拳抬左脚，并重击床面。然后左拳和右脚，反复重复这个动作，还可以一边做一边骂，用这种简单的"运动"发泄情绪。

当怒气难消时可尝试将自己的心情、思绪写出来，这样能转移、缓解愤怒，还有助于整理思绪。

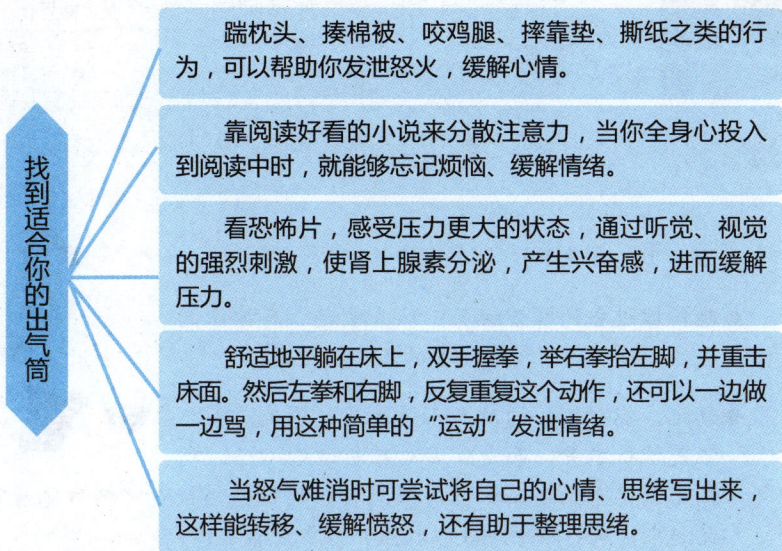

图7-4　找到适合你的出气筒

我们还可以通过推迟时间的方式缓解怒火，当觉得愤怒之时，可试着推迟几分钟时间再发火，并逐渐将这种时间延长，如果能将发怒时间推迟一天，很多愤怒都会烟消云散。

■构建积极的职业心态

心态是自己能掌握的事情，可以控制也可以引导，我们进入职场后要尝试构建一种积极的心态，这样才能更好地适应职场环境，才能更顺利地工作。

案例讲述

小耿是初入职场的硕士研究生，工作没几日她就开始向老同学抱怨，说她的科长只有大专学历，啥能力都没有，还经常刁难自己。说着，小耿又开始回忆自己在学校时是多么的风光，心理落差很大，越发觉得不舒坦。

俗话说"月满则亏，水满则溢。""空杯理论"是说你掌握的学识和成功的经历，就好比水杯中蓄满的水，当进入职场，接受新的工作挑战时，只有倒空杯中的水，潜下心来从头学习、从头做起，才能获得成功。

下面，我们就介绍几个构建积极心态的做法。

◆忘掉你过去的辉煌经历，从头做起；忘掉你过去的失败经历，消除脑中的不积极因素。

◆切记，能打倒你的敌人不是上司、不是同事也不是挫折本身，而是你面对挫折时的心态。我们需训练自己在不如意时找到挫折的价值，接受它然后踩着它站起来，从打击中去获取收益，吸取经验教训。

◆乐观、积极地面对生活和工作，记住"难得糊涂"这四个字，超越功利主义去做你认为值得做的事情，并从中获取快乐。

◆将工作中所发生的不幸、郁闷、气愤等所有负面事件都当作是激励自己奋发上进的好事情，并从中获取经验，使之变为自己的财富。

◆对于善意的批评应接纳而非抗拒，勇敢地面对它，并且要感谢对方的意见，将这看作是自我反省的好机会，找到可以提升和改善的地方。

◆从一点一滴的小事做起，调整自己的行为习惯，尽力融入公司这个大集体，有了团队融入感，就可以更好地适应工作、调整心态。

每个公司都有自己的规章制度，新入职场者要认真遵守公司的各项规定，这是构建积极职业心态的基础。做一个听话的员工，才能成为受领导和公司喜爱的员工，才能更顺利地工作。

职场工具箱：从零开始控制心态
Workplace Toolbox

我们需要适应职场，并控制好自己的心态。
那么，我们应当怎样具体操作？
下面就为大家提供控制心态的实践操作方法介绍。

LEARN MORE

■每日心情记录卡模板

做个心情记录卡，记录自己每日的心情点滴，然后用这心情卡帮助自己缓解负面情绪，卡片模板如图7-5所示。

	日期	日期	日期
心情			
事件			
结果			
备注			

图7-5 心情记录卡模板

记录你的心情指数。然后记录究竟是什么原因导致你的心情不好，隔一段时间后，再来填写这件事的最终结果，然后在备注中记录你的感悟，以及通过这事情学到了什么。

长期坚持之后你就会发现，之前让你愤怒、痛苦、悲伤的事情，其实没什么大不了的。

■自我催眠调整心态

我们有时候可以通过自我催眠的方式调整心态，其方法如下：

◆选择你认为最舒服的姿势躺在床上或沙发上，放松身体。

◆慢慢闭上眼睛，做3个比较深长的深呼吸，然后想象你的身体越来越放松，越来越舒服。

◆想象自己在乘坐电梯，电梯慢慢上升，你的身体越来越轻，越来越松，想象电梯门打开，你进入了一个美丽的花园（此处可以幻想你曾经见过的最美最舒适的自然环境）。

◆花园中的空气十分清新、环境十分美丽，你静静地躺着，仰望天空，觉得自己身心愉悦。

◆想象自己得到了完全的放松与休憩之后，起身离开花园，并在心里告诉自己，当你乘坐电梯回到现实中，全身的疲惫都将远离，你的身心会继续放松而愉悦。

当你睁开眼时，催眠到此结束，这方法不一定对每个人都有效，但有不少人都能体验到头脑变得清新、身体变得轻盈的舒服感觉。

第8章

财富积累从入职第一笔薪水开始

我们工作是为了什么？相信大多数人的回答都会是：赚钱！

除了那些天生的公子、小姐，我们普通人当然是需要凭劳力、脑力获取酬劳，因此，在新入职场后，我们不仅要学习怎么打点仪表、处理人际关系、适应工作，还要学会攒钱。

有工作了自然能赚钱，可你如果不会"攒钱"，薪水再高也没用，依然会"月光"。

那么，我们应当怎样操作呢？请往下看吧！

隐藏陷阱：有工作啦，无奈依旧没有钱
Hidden Trap

进入职场你赚钱了吗？赚了之后有结余吗？
你是不是认为理财是有钱人的事情，与自己无关？
你是不是"月光族"？是不是一人吃饱全家不饿？
如果你有这些问题，就请向下看吧！

LEARN MORE

■理财，这是有钱人的事

很多人认为理财是有钱人的事情，没钱就不用理财了，其实这种观念大错特错。理财是教你更合理地用钱，只有学会用钱，才能更快地积聚财富。

案例讲述

你怎么存钱的，我怎么啥都没能存下啊？

小莫刚踏入职场家里人就催促她存钱，教育她薪水别乱花，要学着理财。她却对这种说法置之不理，我行我素。

半年之后，小莫突然发现，和她同时进公司的伙伴都已经自己攒钱买笔记本电脑了，可她却稀里糊涂地没积蓄，也没买什么大件用品。她这才恍然大悟，微薄的薪水也同样可以理财啊！

其实，理财并不取决于薪水的高低，它是贯穿人终生的资源管理方式，涵盖了开源和节流两个概念，理财可以使你整理出合理的支出结构，让消费有的放矢。

若收入微薄，则需要在开源的基础上节流，压缩不必要的开支，这样每月就会有结余，然后再进行合理的投资，就能获得更多财富。

■一不小心成了"月光族"

"月光族"（Moonlite）指将每月赚的钱都用光、花光的人。加入"月光族"的唯一条件就是工资月月光，不剩一分，只许负债不可盈余。"月光族"的口号：挣多少花多少。

案例讲述

前文所提到的小莫就是个典型的"月光族"，她是信贷消费最坚定的支持者和实践者，经常使用"按揭"的方式进行消费，心安理得地"寅吃卯粮"。

勤俭节约的父辈经常批评她这种消费观念不可行，小莫却一直执迷不悟，直到有一日急需用钱却身无分文时，她才开始反思自己究竟能不能一直这样混下去。

没积蓄、没车、没房，确实有点悲哀啊！

"月光族"是商家最喜欢的消费者，这种人通常具有强烈的消费欲望，很会花钱。并且，很多"月光族"具有较强的赚钱能力，即使这个月穷了，下个月发了工资还可以继续阔气地消费。

比较"杯具"的是，如果你是个不富裕的"月光族"，那压力可就比较大了，很可能随时处于没钱的窘迫状态中。

消费行为不为实际需要，出于炫耀和满足"面子"的目的"月光族"行为，其实是最需要克制的。有些人衣着朴素却一样自信而受人敬佩，因为真正的面子要靠才学和道德来维系的，表面的荣光都是"浮云"。

■上帝，我啥时候能一夜暴富？

有一些人在职场中地位并不高，对现实生活有诸多不满，面对不够高的薪水，他们并不去想怎样通过努力来改变自己的处境，而是做白日梦希望自己的财富能急速增长，想通过赌博、买彩票等方式让自己一夜暴富。

案例讲述

小牧总是觉得自己工作很累，却又得不到自己渴望的回报，有段时间，他觉得天空都灰暗了。

在闷闷不乐中，他开始迷上了彩票，每天三块五块地买着，花了很多时间去研究所谓的彩票"规律"，却一次都没中过奖。

半年之后，当同事升职加了薪水，他才发现，自己在彩票这玩意儿上浪费了上千块钱，并且虚度了光阴，没能提升自己的能力抓住升职的机会。他非常后悔，却是悔之晚矣。

事实证明，指望一夜暴富，不如脚踏实地地工作，这样反而能获得你应得的财富。

自我测试：理财也需知己知彼
Self Test

你会理财吗？

你的财富观是怎样的？

错误的理财观念有很多，不管你属于哪一种，既然看到了这里，就说明你想要理财，那么我们就来知己知彼一下，看看你的理财观念究竟是怎样的。

LEARN MORE

■ 测测你的理财盲点是什么

请回答如下测试，看看你的理财盲点是什么。

【测试试题】

如果你出国旅行，来到国外的跳蚤市场购物，该市场里的物品价格极有弹性，朋友告诉你在此地还可以找到不少有潜在升值价值的物品，回国以后很难购到。

你会倾向于"淘"哪类物品呢？

A．古董相机　　B．手工织毯　　C．古银首饰　　D．书画作品

【结果分析】

选A：你对钱的运用没有什么概念，认为花钱就是为了让自己开心，开源和节流两种选择，你只愿意尝试前者。你不愿意委屈自己，经常认为购买的每一件物品都是值得的。

要想改变乱花钱的状态，你可以尝试着挑选会增值的物品去投资，这样，你在花钱的基础上还能获得利益。

选B：你情感丰富，对人毫无防备之心，可以说是耳根子很软，出门购物经常听信推销员的话，买一大堆无用的东西。

若想要改变这种感性消费的状况，你需要在购物的时候列出清单，先编列预算，根据支出的数目高低决定一次能购买哪几样，超过预算或是不在清单上的物品坚决不购买。这样才能控制自己的消费欲，挽救财政赤字。

选C：你对每一分钱都很重视，认为财富需要积累，需要一点一滴地节约、汇集。这种方法虽然可以省钱，但速度很慢并且趋于保守，只是节流没有开源，其实，你可以尝试做一些投资，说不定会有意外的收获。

选D：你缺少对现实的考虑，有点不切实际。对于理财，你不知该怎么开始做起，怕麻烦也怕风险，所以止步不前。其实，你可以找个可信赖的人，帮你打点这一切，对你来说这是较好的一种理财方式。

■了解一下你的理财观念

做做下列测试，简单了解一下你目前的理财观念吧。

【测试试题】

家里要进行大扫除，你首先会丢掉哪类物品？

A．旧衣服

B．体积过大的老电器

C. 零零碎碎的小东西

D. 过期的旧书杂志

【结果分析】

A：你赚钱的能力很强，花钱的能力更强，尽管你收入很高，但仍然觉得自己钱不够花，建议保持勤俭节约、艰苦朴素的老一辈优良传统，生活中还是需要开源节流的。

B：你属于冲动派，虽然买起东西来不至于浪费，但是却常常因为冲动而购买了一些用不着的装饰品、衣服等等，而你又不擅于另开财源，因此你需要一个人帮助你管账。

C：你买东西至少会考虑3次以上，但是在朋友面前又装作花钱毫不在乎的样子，所以一般人都觉得你经济上很宽裕，实际上你是个开源和节流都并重的理财大师。

D：你从不乱花钱，购买的东西通常都物美价廉，美中不足的是，你通常只注意了节流，很少思考开源，要记住财富不是光靠节省就能得到很多的。

■了解一下你的致富关键点

做做下列测试，简单了解一下你的致富关键点吧。

【测试试题】

一个人在郊区度假，突然间心情不太好，这个时候你会想到给自己安排什么活动来调节自己低落的情绪？

A. 一个人在郊外漫无目地步行散心。

B．打电话叫朋友过来一块儿烤肉聚会。

C．待在自己的房间里抱着枕头发呆。

【结果分析】

A：选择这个选项的人很重感情，常常在家人、朋友有需要的时候挺身而出，而且很难拒绝家人、朋友的要求，以至于可能会被朋友拉下水去投资一些明显没有回报的事情，或者为别人浪费自己的时间、精力以及机遇，有时候要学会说不，这样才能获得致富的可能。

B：选择这个选项的朋友是乐天派，不过面对痛苦和困难有时候会做逃兵。你需要控制过分乐观的习惯，别用购物来排解郁闷情绪。

C：选择这个选项的朋友有些古板，甚至守旧或固执己见，不太容易接受别人的说法和一些新生事物，这个特质为你带来了更安全的财务规划，但也可能使你错失一些发财的良机。有时候，你需要少想、多行动才能走上发财路。

通关宝典：职场新人理财步骤
Best Solution

在了解了不理财的坏处以及自己的理财心理状况之后，我们就需要切实地来学习如何理财。

例如，如何控制自己的购物欲？

如何才能不当"月光族"？

如果你不知道这些方法，那么，通关宝典将告诉你。

LEARN MORE

■学会控制消费欲望

为了不做购物狂，我们要学会控制自己的消费欲望，其主要方法如图8-1所示。

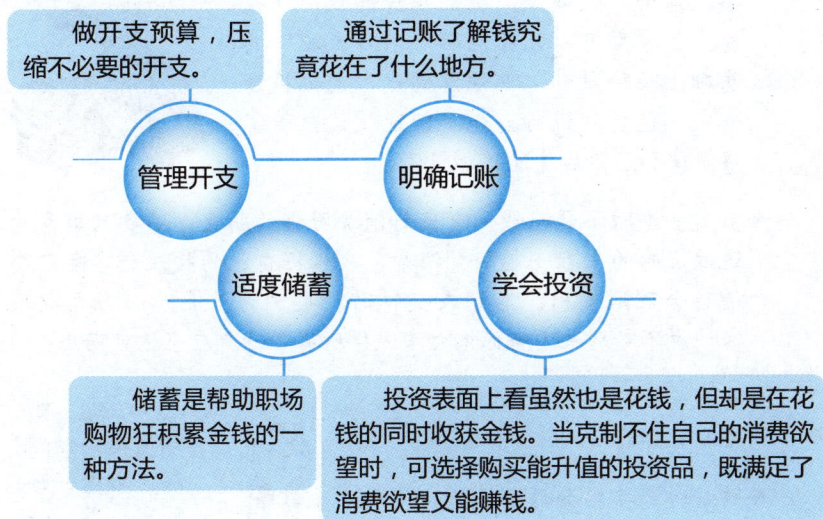

做开支预算，压缩不必要的开支。

通过记账了解钱究竟花在了什么地方。

管理开支

明确记账

适度储蓄

学会投资

储蓄是帮助职场购物狂积累金钱的一种方法。

投资表面上看虽然也是花钱，但却是在花钱的同时收获金钱。当克制不住自己的消费欲望时，可选择购买能升值的投资品，既满足了消费欲望又能赚钱。

图8-1 控制消费欲望的方法

购物上瘾的人很多事后都会后悔，花过多的钱买无用物品之后，购物就不再是散心的愉悦行为了，而是痛苦的来源。若我们不幸成了这种人，只能循序渐进地慢慢扭转观点，尽量向"适度消费"方向靠近。

■找到不做"月光族"的方法

职场新人为了能使每月工资有结余，用来孝敬父母或自用，我们需要找到不做"月光族"的方法，其内容如下。

◆对每月的薪水进行计划，明确哪些地方需要支出，哪些地方需要节省，尽力把部分薪水纳入个人储蓄计划。例如，可办理零存整取，强迫自己储蓄。一定时间后，储金可以用来添置电脑等大件物品，也可作为个人"充电"学习及旅游等支出。

◆我们在消费的同时，也要养成投资的习惯，投资类型的"消费"才是增值的最佳途径。我们可以根据个人擅长的东西和自身的具体情况做出相应的投资计划，如股票、基金、收藏等。把乱花掉的钱用在投资上，甚至可以让你在不当"月光族"的基础上获得盈利。需注意的是，前期投资一定不能贸然进行，先小额地试试，等掌握规律和经验后才能追加投资。

◆多交些平时不乱花钱，有良好消费习惯的朋友，不要只跟喜欢追逐名牌的人在一起胡乱消费，应根据自己的收入和实际需要进行合理地支出。与朋友交往时，也别为了面子而充大款请客，说不定别人还当你冤大头呢！所有事情都应当适可而止。

◆自我克制，控制你的消费欲望，不要盲目购物。

◆购物时，要学会讨价还价，货比三家，做到尽量以最低的价格买到所需物品。在购买服装、鞋、

> 存钱、购物真是门学问啊！我得好好反省一下，好好地控制自己的欲望！

帽等物时，应选购易搭配的样式，别造成闲置。

■了解并学会记账

想要控制消费的欲望，我们可以通过对日常收支流水账进行记录，来检测自己的账目，全面掌握收支结余情况，清晰明了地看到在一定期间内赚了多少、花了多少。

当收支出现明显不合理状况时，自然而然就会引起我们的重视，自动开始控制消费欲。

要想清楚地记录账目，需要掌握一定的方法，其内容如下：

◆真正有用的记账不是记简单的流水账，而是要分账户、按类目记录，需学会会计学所称的"复式记账"。

◆记账要分收、支两项，每项里再依据前文所述的类别进行细分，这样才能清楚地了解金钱流向。

◆记账要收集单据，即会计中所说的"原始凭证"。消费时应养成索取发票的习惯，依据发票记录消费时间、金额、品名等项目，按消费性质与日期将单据分类，作为统计的依据。

◆记账的原则是滴水不漏，我们需要清晰地记录每一笔钱，哪怕这笔支出或收入的金额非常小。

◆记账要及时、连续、准确，这样才不会产生遗漏或错误。

■强制储蓄，节流理财

有的年轻人理智上知道自己需要存钱，但情感上却克制不住购物的欲望，经常是莫名其妙的钱就没了。遇到这种情况，我们需要用强制储蓄的方法节流财产。

强制储蓄可以帮我们锁住金钱，那么怎样才能强制储蓄呢？定期储蓄就是个不错的方法。

定期储蓄根据开户起点、存期长短、存取时间和次数、利率高低等区别又分为了整存整取、零存整取、整存零取、存本取息、教育储蓄等形式，其内容如图8-2所示。

整存整取

整笔存入，到期一次性支取本息，50元起存，多存不限，存期分3个月、6个月、1年、2年、3年和5年。这种储蓄只能进行一次部分提前支取，计息按存入时的约定利率计算，利随本清。

零存整取

存款时约定存期，每月固定存款，到期一次性支取本息。通常每月5元起存，每月存入一次，中途如有漏存，应在次月补齐，存期一般分1年、3年和5年。零存整取计息按实存金额和实际存期计算，利率一般为同期定期存款利率的60%。

整存零取

开户时约定存款期限，本金一次性存入，固定期限分次支取本金。存期分1年、3年、5年，1000元起存，支取期分1个月、3个月及半年一次，以开户日挂牌整存零取计算利率，期满时结清。整存零取到期未支取部分或提前支取按支取日挂牌的活期利率计算利息，并且只能办理全部提前支取。

存本取息

客户一次性存入较大的金额，分次支取利息，到期支取本金，利息收入比活期储蓄高。存本取息5000元起存，存期分为1年、3年、5年。

教育储蓄

在银行存入用于教育目的的规定数额专项储蓄金。对象只限于在校中小学生，其存期分3年期和6年期两种，为零存整取定期储蓄，每户最低起存金额50元。教育储蓄是零存整取，但享受整存整取利息，利率优惠幅度在25%以上。

图8-2 定期强制储蓄

■从内到外合理投资

投资是理财的延伸，是货币转化为资本的过程，也就是"赚钱"，它能够在管理现有资产与负债的基础上，减少负债并使资产保值、增值。

案例讲述

小金想要做一些投资赚钱，朋友建议她先投资自己，花钱去学习一下，再包装一下，就能换个工作赚更多的钱。

小金按照朋友的说法尝试之后果然获得了高薪工作，然后，她想用赚来的钱继续向外投资。

投资具有一定的财务风险，资产的多少和个人的抗风险能力，决定了不同的投资方式，如基金、外汇、股票、期货、房地产等。在选择投资方式时，应该寻找与自己抗风险能力、风险偏好以及投资理财能力相符合的渠道，如图8-3所示。

风险程度	投资形式	抗风险能力	风险偏好
低风险	国债、储蓄	保守型、稳健型	性格稳重，生活稳定，喜欢安全的投资方式
低风险	黄金、珠宝	稳健型	喜欢有真正价值、能经得住时间考验的东西
低风险	保险保障类	保守型、稳健型	做任何事情都未雨绸缪，多方考虑
中高风险	房产、证券	稳健型、积极型、进取型	敢冒险，相信不会带来太大损失，冒险前会评估
中高风险	艺术品、古董	积极型、进取型	喜欢藏品或稀有物品，拥有时间、审美能力和财力
高风险	期权、实业	积极型、进取型	敢于冒险，愿为事业拼搏，能平静对待挫折
高风险	彩票、赌博	进取型	赌徒，对生活抱有不切实际的幻想

图8-3 了解具体的投资方法

■巧用信用卡理财

信用卡是一种非现金交易付款的方式，由银行或信用卡公司依照用户的信用度与财力发给持卡人，持卡人持信用卡消费时不用支付现金，只需在结账日再还款。

大家对信用卡的印象大概就是"刷卡透支消费"，殊不知，合理使用信用卡也能省钱，方法如下：

◆ 无论在国内国外，持信用卡消费均无手续费，因此，在异地日常消费使用信用卡可免去异地提取现金的手续费。

也就是说，在国外直接通过刷卡消费，汇率按贷记卡国际组织当天公布的优惠利率计算，比直接进行现金汇兑划算。留学生们可采取父母在国内存款，孩子持附卡在境外消费的方式省汇款费。

◆ 某些银行会为信用卡持有者提供一些合作伙伴资源，不少优惠项目与折扣能使持卡人轻松又省钱地旅游、看电影、吃饭等。

◆ 汽车信用卡不仅可以用极低的折扣购买车险，而且还可以免费得交通意外险及加油优惠等。

◆ 使用信用卡时，银行为了推广信用卡、答谢客户通常会有积分兑换、消费送礼等优惠活动。例如每消费10元积1分，不同的积分可换取对应的礼品，如杯子、靠垫、玩偶等。

◆ 信用卡积分除了兑换礼品之外，有些还能直接在购物时用于抵扣现金，相对于兑换礼品，如果将积分充当商场或者超市的货款则更实惠。喜欢购物的人可以关注商场联名卡，购物系列的信用卡不但可以双倍积分，还可以兑换消费券，享受打折优惠。

使用信用卡并非只有利没有弊，使用时我们还需注意规避一些使用风险。其内容如图8-4所示。

1　银行和商家经常联手进行刷卡打折优惠活动，我们需要克制自己的购买欲，不要为了优惠而购买不需要的物品。

2　在刷卡交易时不要让卡片离开视线范围，以免被盗用；持卡人还应妥善保管刷卡时的签单，以便作为后期维权的凭证。

3　信用卡对账单上会显示一个最低还款额，若采用这种方式还款，银行将从记账日起征收每日万分之五的利息。

4　别往信用卡中存钱，这种"存款"不仅没有活期利率，在取现时还会被大多数银行收取0.3%至3%不等的手续费。

5　持卡人若在最后还款期没有全额还款，银行也会追偿所有"免息期"的利息，消费者需要支付所使用金额的全额利息。

图8-4　使用信用卡的注意事项

使用"信用卡委托还款"业务，信用卡持有者可与发卡行签订委托还款协议，将信用卡与借记卡设置"委托还款"绑定服务，用信用卡透支消费，在还款期委托银行会自动从绑定的借记卡中划款。

职场工具箱：实用理财小方法
Workplace Toolbox

在前文中我们了解到我们应该了解并记录自己的财务状况。
可以通过正确的记账方式来控制自己的收支等等。
那么，我们应当怎样具体地进行操作呢？
下面就为大家提供一些实践操作方法。

LEARN MORE

■现金日记账模板

现金日记账是用来逐日反映收入、付出及结余情况的日记账，我们可以在Excel等软件中自行制作一个现金日记账表格，用自动化办公的手段统计自己的现金开支情况，其模板如图8-5所示。

日期	项目	收入	支出	余额	备注

图8-5　现金日记账模板

在文具店、办公用品店中其实有一些现成的现金日记账本，我们可以直接购买后在该账本中详细记录日收入开支情况。

■收支平衡表模板

收支平衡表是根据复式簿记原理，进行资产归纳统计的一种表格。它比现金日记账方法更复杂，常用于月、季进行各项目收支的详细统计，其模板如表8-1所示。

表8-1　收支平衡表模板

收入来源及支出去向	具体项目	月金额	季度金额	年金额
个人收入				
配偶收入				
赡养费				
利息				
收入合计				
固定支出	具体项目	月金额	季度金额	年金额
住房贷款				
生活费				
教育费				
固定支出合计				
变动支出	具体项目	月金额	季度金额	年金额
置装费				
娱乐费				
变动支出合计				

■了解你主要的支出项目

我们需要通过理财规划聚积财富，在实施具体规划之前还需要清楚地了解支出数目，可通过下面的表格来记录每月的固定开支金额，如表8-2所示。

表8-2　固定开支记录模板

项目	金额	支付日期	项目	金额	支付日期
电费			保险		
煤气费			应还贷款		
水费			物业管理费		
固定电话费			伙食费		
移动电话费			光纤费		
交通费			互联网费		
支出合计					

在了解了开支细目之后，即可学习如何管理开支，注意要点如下：

◆ 在用钱之前先制定预算表，有计划的用钱可避免发生冲动性胡乱消费的情况。

◆ 购买物品时要深思熟虑，避免不加思考的冲动性消费。

◆ 投资时一定要谨慎理智，避免盲目冲动地投入大笔金钱。

◆ 不贪不攀。不贪小便宜购买廉价却无用商品；不存攀比之心，不购买奢侈却不实用的商品。

◆ 不铺张浪费、不胡乱刷信用卡，合理使用每一分金钱。

■ 职场新人财产规划流程

财产规划，其实就是理财目标规划流程，在理清了财产、确立理财目标之后，我们需要制定一个流程，明确自己应当怎样积累财富，如图8-6所示。

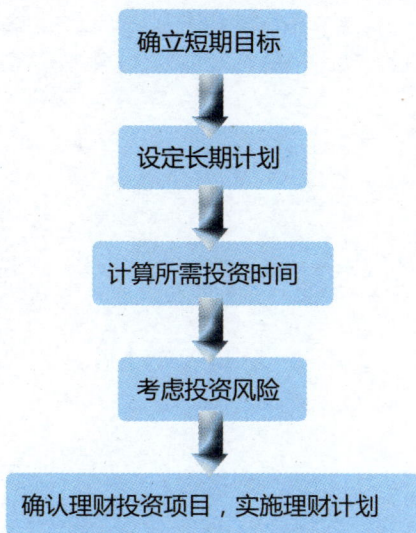

图8-6 理财规划流程

在生活中我们需要列出购物项目与预算，以表格的形式详细编列后可清楚地对比消费项目是否合理，然后关注平时不必要的花费，从中预留出资金，购买真正需要的物品。